U0352389

普通高等教育"十二五"规划教材

# Protel DXP 2004 原理图与 PCB 设计实用教程

主　编　薛　楠

副主编　刘　杰　高　飞

参　编　张小清　张智勇　胡家华

主　审　李东滨

机　械　工　业　出　版　社

Protel DXP 2004 是 Altium 公司于 2003 年推出的板级电路设计系统，它综合了原理图绘制、PCB 设计、设计规则检查、电路仿真、FPGA 及逻辑器件设计等功能，为用户提供了全面的设计解决方案。本书共 9 章，从实用角度出发，详细地介绍了在 Protel DXP 2004 平台进行电路原理图以及 PCB 设计的方法和操作步骤，穿插了作者在实际教学过程中积累的经验以及 Protel DXP 2004 的操作技巧等。本书的特点是易读易懂，循环渐进，以实例贯穿全书，使读者能够逐步掌握 Protel DXP 2004 设计系统。

本书可作为高等学校电子信息类、计算机类和电气类等专业的教材，也可作为 Protel DXP 2004 的初学者、从事电子线路设计的科技人员的参考书。

**图书在版编目（CIP）数据**

Protel DXP 2004 原理图与 PCB 设计实用教程 / 薛楠主编. —北京：机械工业出版社，2012.2（2017.7 重印）

普通高等教育"十二五"规划教材

ISBN 978-7-111-37114-4

Ⅰ.①P… Ⅱ.①薛… Ⅲ.①印刷电路–计算机辅助设计–应用软件，Protel DXP 2004 高等学校–教材 Ⅳ.①TN410.2

中国版本图书馆 CIP 数据核字（2012）第 006912 号

机械工业出版社 （北京市百万庄大街 22 号 邮政编码 100037）
策划编辑：徐 凡 责任编辑：徐 凡 版式设计：石 冉
责任校对：姜 婷 封面设计：张 静 责任印制：常天培
唐山三艺印务有限公司印刷
2017 年 7 月第 1 版第 8 次印刷
184mm×260mm·17.75 印张·435 千字
标准书号：ISBN 978-7-111-37114-4
定价：39.00 元

凡购本书，如有缺页、倒页、脱页，由本社发行部调换
电话服务 网络服务
服务咨询热线：010-88379833 机 工 官 网：www.cmpbook.com
读者购书热线：010-88379649 机 工 官 博：weibo.com/cmp1952
教育服务网：www.cmpedu.com
**封面无防伪标均为盗版** 金 书 网：www.golden-book.com

# 前言

　　Protel DXP 是 Altium 公司于 2002 年推出的板级电路设计系统，它综合了原理图绘制、PCB 设计、设计规则检查、电路仿真、FPGA 及逻辑器件设计等功能，为用户提供了全面的设计解决方案。2003 年推出的 Protel DXP 2004 对 Protel DXP 进行了完善，SP2 升级包更增强了 Protel DXP 2004 的功能。

　　本书以一个实例为主线，介绍在 Protel DXP 2004 平台进行原理图设计以及印制电路（PCB）设计的具体方法。本书在每章的介绍过程中，为读者提供了详细的实例，并围绕知识点进行系统讲解，与此同时，还根据作者丰富的授课经验，提醒读者在设计过程中如何回避和解决错误操作，可使读者尽快掌握电路原理图和 PCB 图的设计方法和技巧，提高操作能力。

　　全书共 9 章，每章的主要内容如下：

　　第 1 章为 Protel DXP 2004 的基础知识，介绍了 Protel 系列软件的发展历史，Protel DXP 2004 的特点、启动、主界面以及 Protel DXP 2004 的文件组织结构。

　　第 2 章为电路原理图设计基础知识，介绍了电路原理图的编辑环境，原理图图纸的设置，原理图的优先选项。

　　第 3 章为电路原理图设计的具体过程，介绍了元器件的放置，原理图的视图操作，元器件的编辑操作和原理图编辑过程中的一些高级技巧。

　　第 4 章为层次原理图设计的具体过程，介绍了层次原理图的基本知识、设计方法。

　　第 5 章为印制电路板（PCB）设计基础知识，介绍了 PCB 的种类，与 PCB 设计相关的基本概念和知识，常用元器件封装。

　　第 6 章为 PCB 设计基础操作，介绍了 PCB 编辑器，电路板的规划设置，PCB 工作参数的设置，PCB 的放置工具，PCB 的布线。

　　第 7 章为 PCB 设计的高级操作，介绍了 PCB 设计规则，PCB 编辑中常用的高级技巧。

　　第 8 章为元件原理图库、PCB 元件封装库和集成元件库的制作过程，介绍了元件原理图库、PCB 元件封装库的基本操作和高级技巧，以及集成元件库的创建。

　　第 9 章介绍了一个完整的 PCB 设计综合实例。

　　本书由薛楠、刘杰、高飞、张小清、张智勇、胡家华编写，其中哈尔滨理工大学的薛楠编写第 1、2、4、5、9 章（除 9.1 节外）及附录，哈尔滨理工大学的刘杰编写第 3 章，黑龙江八一农垦大学的高飞编写第 8 章，黑龙江科技学院的张小清编写 6.8 ~ 6.9 节以及第 7 章，黑龙江林业职业技术学院的张智勇编写第 6 章（除 6.8 ~ 6.9 节），哈尔滨理工大学的胡家华编写 9.1 节，并提供第 9 章的电路和 PCB 的设计。哈尔滨理工大学的李东滨任本书主审，哈尔滨理工大学的吕梁、孟繁旭同学参与了书稿整理等工作。

　　在本书的编写过程中，编者参阅了许多同行专家的文献，在此一并真诚致谢。

　　由于编写时间仓促和水平有限，疏误之处敬请批评指正。

　　本书配有免费电子课件，欢迎选用本书作教材的老师登录 www.cmpedu.com 注册下载或发邮件到 xufan666@163.com 索取。

编　者

# 目录

第1章

# Protel DXP 2004概述

Protel DXP 2004 概述

- Protel 系列软件的发展历史
- Protel DXP 2004 的特点
- Protel DXP 2004 的系统配置
- Protel DXP 2004 的启动
- Protel DXP 2004 的主界面
- Protel DXP 2004 的文件管理
- Protel DXP 2004 设计简例

本章介绍 Protel DXP 2004 的基础知识，包括 Protel 系列软件的发展历史、Protel DXP 2004 的启动方法、Protel DXP 2004 的系统界面和文件管理等，最后通过一个实例简要介绍 Protel DXP 2004 的设计过程。

# 1.1 Protel 系列软件的发展历史

Protel 系列电子设计软件因为其功能强大、界面友好和操作简便、实用等优点，已成为 EDA 行业尤其是 PCB 设计领域中发展最快、应用时间最长、运用范围最广泛的 EDA 软件之一。

Protel 系列电子设计软件的发展历程主要经历了以下几个阶段的产品升级。

20 世纪 80 年代中期，美国 ACCEL Technologies Inc 推出了第一个应用于电子线路设计的软件包——TANGO，这个软件包开创了电子设计自动化（EDA）的先河。此软件包现在看来比较简陋，但在当时却给电子线路设计带来了设计方法和方式的革命，人们纷纷开始用计算机来设计电子线路。然而，随着电子工业的飞速发展，TANGO 软件难以适应电子设计发展的需要。Protel Technology 公司不失时机地推出了 Protel For DOS 作为 TANGO 的升级版本，由此奠定了 Protel 软件系列的基础。

20 世纪 80 年代末，Windows 系统开始日益流行，许多应用软件也纷纷开始支持 Windows 操作系统，Protel 也不例外，相继推出了 Protel For Windows 1.0、Protel For Windows 1.5 等版本。这些版本的可视化功能给设计人员设计电子线路带来了很大的方便，设计人员不用再记一些烦琐的命令，而且还可以和其他设计人员共享系统资源。

1998 年 Protel 公司发布了第一套包括并集成所有 5 套核心 EDA 工作的开发软件——Protel 98。Protel 98 专门用于 Windows NT 平台，包括原理图输入、可编程逻辑设备、仿真、板设计和自动布线等功能。

1999 年 Protel 公司推出了 Protel 99。Protel 99 在原来版本上又加入了许多全新的特色，它既有原理图逻辑功能验证的混合信号仿真，又有 PCB 信号完整性分析的板级仿真，从而构成了从电路设计到真实板分析的完整体系。

2000 年 Protel 99 升级到 Protel 99 SE，其性能进一步提高，可以对设计过程有更大的控制力。

2001 年 Protel 公司更名为 Altium 公司，并于 2002 年推出了新产品 Protel DXP。Protel DXP 集成了更多工具，使用更方便，功能更强大。2003 年推出的 Protel 2004 对 Protel DXP 进行了完善。

2006 年初，Altium 公司推出了 Protel 系列的高端版本 Altium Designer 6.0，并在随后的几年中不断对该软件进行升级，先后推出了 Altium Designer 7.0、Altium Designer Summer 8.0 和 Altium Designer Winter 09 等版本。

2011 年最新发布的 Altium Designer 10 带来了一个全新的管理元器件的方法，其中包括新的用途系统、修改管理、新的生命周期和审批制度、实时供应链管理等更多的新功能。

# 1.2 Protel DXP 2004 的特点

Protel DXP 2004 作为一款功能强大的电路设计软件，它具有以下基本特点。

## 1. 全新的 EDA 设计软件

Protel DXP 2004 包含电路原理图设计、电路原理图仿真测试、印制电路板（PCB）设计、自动布线器和 FPGA/CPLD 设计，覆盖了以 PCB 为核心的整个物理设计。因此，Protel DXP 是真正意义上的 EDA 软件，它的智能化、自动化程度较以前版本有了很大的提高。

## 2. 重复式设计

Protel DXP 2004 提供重复式设计，类似重复层次式电路设计，只要设计其中一部分电路图，即可以多次使用该电路图，就像有很多相同电路图一样。

## 3. 集成式的元件与元件库

Protel DXP 2004 提供了元件集成库的概念。在 Protel DXP 的元件集成库中集成了元件的原理图符号、PCB 封装形式、SPICE 仿真模型和信号完整性分析，使得设计人员调用元件时能够同时调用元件的原理图符号和 PCB 封装符号。

## 4. 可定义电路板设计规则

Protel DXP 2004 提供了完备的设计检查功能。它的设计检查功能主要包括电路原理图设计中的 ERC（电气规则检查）和 PCB 设计中的 DRC（设计规则检查），它们能够使电路设计人员快速地查证错误，最大限度地减小设计差错。

## 5. 设计整合

Protel DXP 2004 强化了电路原理图和 PCB 之间的双向同步设计功能。

## 6. 数模混合电路仿真功能

Protel DXP 2004 提供了电路原理图的混合仿真功能，可以十分方便地检查电路原理图中各个设计模块的正确性。同时，Protel DXP 2004 也提供了丰富的仿真元件库，从而使得电路原理图的混合仿真成为可能。

## 7. 版本控制

可直接由 Protel 设计管理器转换到其他设计系统，这样设计者可方便地将 Protel DXP 2004 中的设计与其他软件共享。例如，可以输入和输出 DXP、DWG 格式文件，实现和 AutoCAD 等软件的数据交换，也可以输出格式为 Hyperlynx 的文件，用于板级信号仿真。

## 8. 支持 FPGA 设计

Protel DXP 2004 提供了全新的 FPGA 设计功能，用 Protel DXP 2004 的原理图编辑器就可以进行 FPGA 的设计输入，还能实现原理图和 VHDL 混合输入，并提供了强大的 VHDL 仿真和综合功能。

# 1.3 Protel DXP 2004 的系统配置

Protel DXP 2004 是一套基于 Windows 2000/XP 环境下的 EDA 开发软件。为了发挥 Protel

DXP 2004 的强大功能，Altium 公司对运行 Protel DXP 2004 的计算机系统提出了具体的要求。

Altium 公司推荐的典型配置为

● Windows XP 操作系统（专业版或家庭版）；

● CPU 为 Pentium，1.2GHz 或者更高；

● 硬盘空间为 620MB；

● 内存为 512MB；

● 屏幕分辨率为 1280×1024 像素，32 位；

● 显存为 32MB。

Altium 公司推荐的最低配置为

● Windows 2000 专业版；

● CPU 为 Pentium，500MHz；

● 硬盘空间为 620MB；

● 内存为 128MB；

● 屏幕分辨率为 1024×768 像素，16 位；

● 显存为 8MB。

## 1.4 Protel DXP 2004 的启动

在 Protel DXP 2004 的安装过程中，安装程序会自动在 Windows XP 操作系统桌面上和【开始】菜单内各建立一个 Protel DXP 2004 的快捷启动方式，同时也会在【开始】→【程序】→【DXP 2004】快捷菜单中建立 Protel DXP 2004 的快捷启动方式。可以根据上面三种 Protel DXP 2004 的快捷启动方式建立的不同位置，根据个人的习惯，选择其中任意一种启动方法即可。

Protel DXP 2004 的启动一般大约需要经过几秒钟，系统便会进入到 Protel DXP 2004 的主界面。Protel DXP 2004 的启动画面如图 1-1 所示，软件启动后的主界面如图 1-2 所示。

虽然 Protel DXP 2004 首次启动后默认为英文界面，但是该软件也支持中文界面，因此设计人员可以自行在中英文界面下进行切换。

在系统主界面上执行菜单命令【DXP】→【Preferences】，弹出【Preferences】对话框。【Preferences】对话框由左右两部分组成，左侧树形列表显示所有选项，右侧区域显示的是左侧树形列表中选项的具体设置内容。选中【DXP System】选项下的【General】选项卡，如图 1-3 所示，其中的【Localization】区域用于本地化设置。勾选【Use Localized Resources】复选项，将弹出一个对话框提示重新启动该软件，确认后再依次单击【Preferences】对话框中的 Apply 按钮和 OK 按钮，关闭 Protel DXP 2004 后再重新启动该软件，重新启动后系统的界面即为中文界面。

一般来说，还是建议设计人员尽量使用英文界面。一是因为虽然 Protel DXP 2004 支持中文界面，但是对于某些词汇的中文翻译还是存在晦涩、不合理的现象，容易引起误解；二是即使 Protel DXP 2004 支持中文操作，但对于编译时产生的警告、错误等信息以及系统的帮助文件仍然全部是英文的。所以设计人员在使用 Protel DXP 2004 的过程中，还是应该尽

图 1-1　Protel DXP 2004 的启动画面

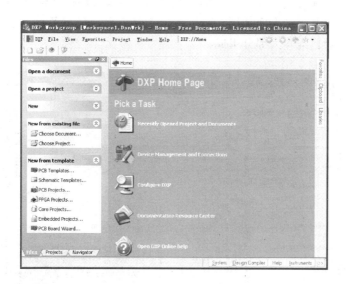

图 1-2　Protel DXP 2004 启动后的主界面

量使用英文界面来熟悉该软件的英文常用词汇，以助于整个设计过程的顺利进行。

　　**注意：** 在 Protel DXP 2004 启动的过程中，可以根据启动画面的滚动加载项中有无汉字来判断本次启动的是中文界面还是英文界面。如果滚动的加载项之中有汉字出现，即本次启动后为中文界面；反之，本次启动后为英文界面。

图 1-3 中英文界面的切换

## 1.5 Protel DXP 2004 的主界面

Protel DXP 2004 的系统主界面提供了管理设计工作组、工程项目和设计文件的服务程序，在主界面中可以通过新建或打开文件，进入原理图编辑器、PCB 编辑器以及进入元器件库编辑器等操作。系统主界面如图 1-4 所示，主要由标题栏、菜单栏、工具栏、工作区、工作面板、面板控制区等 6 大部分组成。

图 1-4 Protel DXP 2004 的主界面

**1. 标题栏**

标题栏位于 Protel DXP 2004 主界面的最上方，可以从标题栏上看出软件名称以及当前文件的存储路径。

**2. 菜单栏**

菜单栏位于 Protel DXP 2004 主界面的上方左侧，首次启动 Protel DXP 2004 后，系统将显示【DXP】、【File】、【View】、【Favorites】、【Project】、【Window】和【Help】等基本操作菜单项。菜单栏的主要功能是进行各种命令操作、设置各种参数以及打开帮助文件等。

当设计人员对不同类型的文件进行操作时，主菜单的内容会自动变化，以适应操作的需要。例如，启动原理图编辑器后的菜单栏如图 1-5 所示，启动 PCB 编辑器后的菜单栏如图 1-6 所示。

File Edit View Project Place Design Tools Reports Window Help

图 1-5　启动原理图编辑器后的菜单栏

DXP File Edit View Project Place Design Tools Auto Route Reports Window Help

图 1-6　启动 PCB 编辑器后的菜单栏

**3. 工具栏**

Protel DXP 2004 的主界面总是以固定位置显示一个主工具栏，用于新建或者打开原理图文件等。随着其他编辑器的打开，窗口中还可出现其他工具栏。工具栏主要是为方便设计人员的操作而设计的，一些菜单项的运行都可以通过工具栏按钮来实现。

Protel DXP 2004 中主要操作环境就是原理图设计环境和 PCB 设计环境，这两个操作环境对应的工具栏名称各不相同，但对应工具栏的类型却有相似之处。

**4. 工作区**

工作区位于 Protel DXP 2004 界面的中间，是设计人员编辑各种文件的区域。在无编辑对象打开的情况下，工作区将自动显示为系统默认主页，主页内列出了常用的任务命令，单击某个命令即可快速启动相应的工具模块。

**5. 工作面板**

Protel DXP 2004 为设计人员提供了大量的工作面板。工作面板以标签的形式隐藏在主界面工作区的左右两边，单击这些标签可以弹出更多的工作面板。这些工作面板可以隐藏或显示，也可以移动到主界面的任意位置。功能完备的各种工作面板为设计提供便利，在设计过程中最为经常使用的工作面板为【Projects】工作面板、【Libraries】工作面板、【Files】工作面板等。

**6. 面板控制区**

面板控制区位于 Protel DXP 2004 主界面的右下角，它的作用是为设计人员提供一些最常用的工作面板并且将工作面板以标签的形式表现出来，如图 1-7 所示。系统中的工作面板都可以直接在面板控制区进行选择并调用。

System | Design Compiler | Help | Instruments | >>

图 1-7　面板控制区

**Protel DXP 2004 的文件管理**

Protel DXP 2004 对项目及文件的管理比较简单方便。下面具体介绍 Protel DXP 2004 中的项目及文件管理操作。

### 1.6.1 常用项目和文件类型

Protel DXP 2004 具有很多不同的功能，每个功能都由很多文件构成，本节只介绍 Protel DXP 2004 在 PCB 设计过程中常用的项目——PCB 项目和集成元件库项目。这两个项目的文件扩展名和图标如表 1-1 所示。

表 1-1 常用项目类型

| 项 目 类 型 | 文件扩展名 | 图 标 |
|---|---|---|
| PCB 项目 | . PrjPCB | |
| 集成元件库项目 | . LibPkg | |

在 Protel DXP 2004 的 PCB 项目设计过程中常用的文件有 5 种，分别是原理图文件、PCB 文件、元件原理图库文件、元件封装库文件和集成元件库文件，其文件扩展名和图标如表 1-2 所示。

表 1-2 常用文件类型

| 文 件 类 型 | 文件扩展名 | 图标 |
|---|---|---|
| 原理图文件 | . SchDoc | |
| 元件原理图库文件 | . SchLib | |
| 印制电路板图文件 | . PcbDoc | |
| 元件封装库文件 | . PcbLib | |
| 集成元件库文件 | . IntLib | |

### 1.6.2 对项目的操作

对 Protel DXP 2004 中项目的操作主要包括项目的创建、打开、保存和关闭。本节中配合【Projects】工作面板介绍对项目操作的具体过程。

对项目操作前首先需要为项目建立一个专用文件夹，在设计过程中将与该项目有关的一切文件都保存在该文件夹下，因此先在 D 盘"Chapter 1"的文件夹下新建一个名为"单片机应用电路"的文件夹。

**1. 新建项目**

运行 Protel DXP 2004，执行菜单命令【File】→【New】→【Project】→【PCB Project】，由此创建一个新的 PCB 项目。在创建一个新的 PCB 项目的同时，系统会自动弹出【Projects】工作面板，并以一个默认名为"PCB_Project1. PrjPCB"的项目出现在【Projects】工作面板上，如图 1-8 所示。

图 1-8 新建一个项目

**2. 保存项目**

新建的项目呈高亮蓝色状态，在新建的"PCB_Project1. PrjPCB"项目上单击鼠标右键，从弹出的菜单中选择命令【Save】，并将项目重命名为"单片机应用电路. PrjPCB"并保存在"D：\chapter1\单片机应用电路"中，如图 1-9 所示。保存后可以在【Projects】工作面板上看到当前项目的名称已经更换为"单片机应用电路. PrjPCB"，如图 1-10 所示。

图 1-9 将项目更名并保存到指定目录下

图 1-10 保存后的项目

**注意：** 图 1-8 中新建的项目是一个空项目，即该项目下目前没有添加任何文件。当一个项目添加文件后，此时会在该项目后出现"*"号以及红色 📄 符号，如图 1-11 所示，这些都表示该项目已经被修改且尚未保存。同样，当一个文件被修改后，在该文件名称的后面，也会出现相同的提示，表示此文件已经被修改且尚未保存。

**3. 关闭项目**

在【Projects】工作面板名为"单片机应用电路. PrjPCB"项目上单击鼠标右键，从弹出的菜单中选择命令【Close Project】，即可关闭该 PCB 项目。

**4. 打开已有工程项目**

执行菜单命令【File】→【Open】或单击主工具栏中的 按钮，即可到硬盘下打开所需的项目。

## 1.6.3 对文件的操作

**1. 加入文件**

在创建一个项目之后，需要为该项目添加相应的文件，可以添加的文件类型有原理图文件、PCB文件和库文件等。

执行菜单命令【File】→【New】→【Schematic】，或者在【Projects】工作面板中当前项目上单击鼠标右键选择右键菜单命令【Add New to Project】→【Schematic】，都可以为当前的PCB项目添加一个新文件。新文件的默认名称为"Sheet1.SchDoc"，如图1-11所示。

如果是为当前项目添加已有文件，则在【Projects】工作面板的当前项目上单击鼠标右键选择右键命令【Add Existing to Project】，如图1-12所示，则可以将其他的已有文件添加到当前项目下。

图1-11 在当前项目下新建原理图文件          图1-12 为当前项目添加已有的原理图文件

**2. 保存文件**

新建的文件同样呈高亮蓝色状态，在【Projects】工作面板的该文件上单击鼠标右键，从弹出的右键菜单中选择命令【Save】，并将项目重命名为"单片机系统电路.SchDoc"后保存文件所在项目的目录下，即目录"D\Chapter 1\单片机应用电路"下，如图1-13所示。保存后可以在【Projects】工作面板上看到当前文件已经更名为"单片机系统电路.SchDoc"，如图1-14所示。

**3. 移出文件**

在【Projects】工作面板中需要移出的文件上单击鼠标右键，在弹出的快捷菜单中选择命令【Remove from Project】，如图1-15所示，系统弹出提示对话框，询问是否移出文件，如图1-16所示，选择 Yes 即将该文件从"单片机应用电路.PrjPCB"项目中移出，但是必须注意，此操作只是将文件从该项目中移出去，成为自由文件，但并未从硬盘中彻底删除。

图 1-13　将文件更名后保存到指定目录下

图 1-14　保存后的文件

图 1-15　移出项目中的文件

图 1-16　提示对话框

### 4. 切换文件

用鼠标单击【Projects】工作面板中不同的文件，就可以在不同的文件之间切换，如图 1-17 所示。另外，用鼠标单击工作区上的标签也可以实现此功能，如图 1-18 所示。

图 1-17　在【Projects】工作面
　　板中切换文件

图 1-18　通过工作区标签切换文件

## 1.7 Protel DXP 2004 设计简例

本节将通过一个实例来简要说明如何使用 Protel DXP 2004 完成 PCB 的一般设计过程，使设计人员对 PCB 的设计过程有一个基本的认识。设计过程主要包括：创建一个新项目，添加新的原理图文件及绘制电路原理图，ERC 规则检查，产生网络报表，添加新的 PCB 文件及绘制 PCB，DRC 规则检查以及输出打印等步骤。

**1. 创建项目**

首先在"D：\chapter1"目录下创建一个名为"稳压电源电路"的文件夹，然后启动 Protel DXP 2004，进入 Protel DXP 设计系统中。在 Protel DXP 设计系统的主界面上执行菜单命令【File】→【New】→【Project】→【PCB Project】，由此创建一个新的 PCB 项目，执行菜单命令【File】→【Save Project】将项目更名为"稳压电源电路 . PrjPCB"并保存在指定文件夹下，即"D：\chapter1 \ 稳压电源电路"下。

**2. 绘制电路原理图**

绘制电路原理图主要包括放置元器件、修改元器件标号及数值、连接元器件等步骤。下面以图 1-19 所示稳压电源电路为例简要介绍电路原理图的绘制过程。

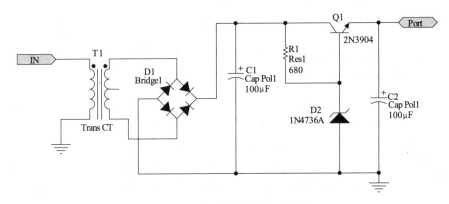

图 1-19　稳压电源电路原理图

1）添加原理图文件。在 Protel DXP 设计系统的主界面上执行菜单命令【File】→【New】→【Schematic】，为该项目添加一个新的原理图文件，执行该命令后，系统会进入到原理图编辑器下。

2）放置元器件、端口及电源地。从系统自带的元器件库中找到电路原理图中所需的元器件，按照图中元器件所在的位置放置好。然后单击【Wiring】工具栏中的按钮 ⏚ 放置电源地，单击 ⏻ 按钮放置端口。元件放置好后的电路原理图如图 1-20 所示。

3）修改元器件的标号及数值。在元器件上双击鼠标右键，弹出元件属性对话框，在元件属性对话框中修改元器件的标号和数值，修改后的原理图如图 1-21 所示。

4）连接元器件。单击【Wiring】工具栏中的 ≋ 按钮启动放置导线的命令来连接各个元器件。元器件连接好后的原理图如图 1-22 所示。

5）保存文件。在【Projects】工作面板中新建的原理图文件上单击鼠标右键，将文件更

图 1-20　放置好元器件的电路原理图

图 1-21　修改元器件的标号和数值

图 1-22　连接元器件后的电路原理图

名为"稳压电源电路.SchDoc"后保存到指定目录下。

完成上述步骤后,稳压电源电路原理图绘制过程结束。

### 3. ERC 检查

在原理图编辑环境下执行菜单命令【Project】→【Compile Dodument 稳压电源电路.SchDoc】开始电气规则检查,通过 ERC 检查可以检测电路正确与否。如果发现错误,则需要设计人员根据错误的提示修改电路图,直到完全正确为止。

### 4. 产生网络表

网络表是连接电路原理图和 PCB 设计的桥梁,绘制完电路原理图并通过电气规则检查后,设计人员可以通过创建网络表文件将所有原理图上的电气信息和元件信息存储在网络表文件中。

在原理图编辑环境下执行菜单命令【Design】→【Netlist for Project】→【Protel】创建网络表,系统将自动在当前的项目中生成与原理图文件同名的网络表文件,如图 1-23 所示。在【Projects】工作面板上双击网络表文件"稳压电源电路 . NET"即可打开如图 1-24 所示的网络表。

图 1-23　生成的网络表

图 1-24　网络表内容

### 5. 绘制 PCB

使用 Protel DXP 进行电路设计的最终目的是生成 PCB,电路板制作商将根据设计人员提供的 PCB 文件加工。

在绘制完电路原理图并通过 ERC 检查后,就可以开始 PCB 的设计。PCB 设计的一般步骤如下。

1)添加 PCB 文件。执行菜单命令【File】→【New】→【PCB】为当前项目下添加一个新的 PCB 文件,然后在【Projects】工作面板中新建的 PCB 文件上单击鼠标右键,将该文件更名为"稳压电源电路 . PcbDoc"后保存到指定目录下。

2)在 PCB 编辑环境下执行命令【Design】→【Import Changes From 稳压电源电路 . SchDoc. PrjPCB】后,将弹出如图 1-25 所示的【Engineering Change Order】对话框。

3)单击【Engineering Change Order】对话框中的 Validate Changes 按钮检查网络和元件封装是否正确,如果网络和元件封装的装入操作都没有错误,再单击 Execute Changes 按钮,就可以将网络和元件封装加载到 PCB 文件中,从而实现了从原理图向 PCB 的更新,单击 Close 按钮关闭该对话框。

4)再执行菜单命令【View】→【Fit Document】将显示出所有的导入元件,此时导入后的所有元件都存于 Room 框中,如图 1-26 所示。

图 1-25 【Engineering Change Order】对话框

图 1-26 导入网络表和元件封装

5）元件布局。将 Room 框拖动至 PCB 编辑器的工作区，删除 Room 框后调整元件封装的位置，调整后的元件布局如图 1-27 所示。

6）自动布线。执行菜单命令【Auto Route】→【All】后，单击【Situs Routing Strategies】对话框中的 Route All 按钮开始自动布线操作。自动布线后的效果如图 1-28 所示。

图 1-27 元件布局

图 1-28 自动布线

### 6. DRC 规则检查

完成 PCB 的布线操作后，为了保证 PCB 设计的正确性，通常需要对 PCB 进行设计规则检查（DRC）。

执行菜单命令【Tool】→【Design Rule Check】，在弹出的【Design Rule Checker】对话框中单击 `Run Design Rule Check...` 按钮，执行 DRC 检查，系统将产生一个 DRC 检查报告文件，如图 1-29 所示。

如果 DRC 检查报告文件没有提示错误，那么 PCB 文件的设计工作就基本完成

```
Protel Design System Design Rule Check
PCB File : \chapter 1\稳压电源电路\稳压电源电路.PcbDoc
Date   : 2011-3-21
Time   : 下午 02:58:48

Processing Rule : Hole Size Constraint (Min=1mil) (Max=100mil) (All)
Rule Violations :0

Processing Rule : Height Constraint (Min=0mil) (Max=1000mil) (Prefered=500mil) (All)
Rule Violations :0

Processing Rule : Width Constraint (Min=10mil) (Max=10mil) (Preferred=10mil) (All)
Rule Violations :0

Processing Rule : Clearance Constraint (Gap=10mil) (All),(All)
Rule Violations :0

Processing Rule : Broken-Net Constraint ( (All) )
Rule Violations :0

Processing Rule : Short-Circuit Constraint (Allowed=No) (All),(All)
Rule Violations :0


Violations Detected : 0
Time Elapsed     : 00:00:00
```

图 1-29    DRC 报告

了。设计人员还可以对 PCB 进行补泪滴和覆铜等操作，然后就可以将该 PCB 文件交给制作公司进行制板。

## 1.8    思考与练习

1. 简述 Protel DXP 2004 的特点。

2. 练习启动 Protel DXP 2004 的方法。

3. 练习 Protel DXP 2004 中英文界面切换的操作过程。

4. 练习使用软件 Protel DXP 2004 新建一个 PCB 项目，并将新建的 PCB 项目更名为 "MyProject_1.PrjPCB" 后保存到目录 "D：\Chapter1\MyProject" 中。

5. 练习使用右键菜单命令为第 4 题中的 "MyProject_1.PrjPCB" 项目下添加一个原理图文件和一个 PCB 文件，并分别更名为 "MySheet_1A.SchDoc" 和 "MyPcb_1A.PcbDoc" 之后保存到目录 "D：\Chapter1\MyProject" 下，在操作过程中注意观察 PCB 项目下添加新的文件后，【Projects】工作面板的变化情况。

6. 在第 5 题的基础上，练习将原理图文件 "MySheet_1.SchDoc" 从项目 "MyProject_1.PrjPCB" 中移出，保存修改过的项目后关闭该项目，然后观察计算机硬盘 "D：\Chapter1\MyProject" 目录下的原理图文件 "MySheet_1.SchDoc" 是否还存在。

7. 练习打开目录 "D：\Chapter1\MyProject" 中的 PCB 项目 "MyProject_1.PrjPCB"，观察此时项目的组成。

8. 练习使用菜单命令为 PCB 项目 "MyProject_1.PrjPCB" 中再添加一个名为 "MySheet_1B.SchDoc" 的原理图文件和一个名为 "MyPcb_1B.PcbDoc" 的 PCB 文件，然后将两个文件保存到目录 "D：\Chapter1\MyProject" 下，观察此时项目的组成。

### 本章要点

1. Protel DXP 中英文界面的切换。

2. 系统主界面。

3. 对项目和文件的操作。

第2章

# 原理图设计基础

原理图设计基础
- 原理图编辑环境
  - 菜单栏
    - 【File】菜单
    - 【View】菜单
    - 【Project】菜单
    - 【Place】菜单
    - 【Design】菜单
    - 【Tools】菜单
    - 【Reports】菜单
  - 工具栏
  - 状态栏及命令行
  - 工作面板
- 设置图纸和优先选项
  - 原理图图纸的设置
  - 原理图优先选项的设置
- 原理图设计流程
  - 1. 启动 Protel DXP 2004 的原理图编辑器
  - 2. 设置原理图图纸
  - 3. 设置原理图优先选项
  - 4. 装载元件库
  - 5. 放置元件并布局
  - 6. 原理图布线
  - 7. 原理图的检查及调整
  - 8. 各种报表生成
  - 9. 文件存储及打印

原理图设计是电路设计的首要工作，它决定着后续工作能否取得良好进展。本章将介绍 Protel DXP 2004 原理图的编辑环境、图纸的设置、原理图优先选项和原理图设计流程等基础内容。

## 2.1 原理图编辑环境

首次启动 Protel DXP 2004 后，系统并不会直接进入原理图编辑器的界面，只有当设计人员新建或打开一个原理图文件后，系统才会进入到原理图编辑器的界面。原理图编辑器的界面如图 2-1 所示。

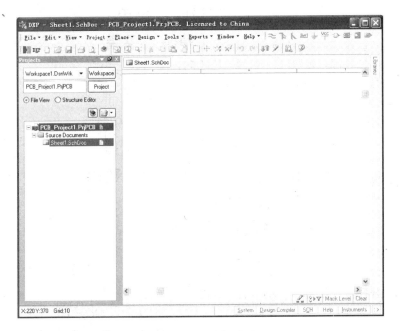

图 2-1　原理图编辑器界面

与第 1 章中所介绍的 Protel DXP 2004 主界面一样，原理图编辑器的界面也是由标题栏、菜单栏、工具栏、工作区、工作面板、面板控制区等 6 大部分组成。

### 2.1.1　菜单栏

原理图菜单栏如图 2-2 所示。其主要功能是：进行各种命令操作，设置视图的显示方式，放置对象，设置各种参数以及打开帮助文件等。

| File | Edit | View | Project | Place | Design | Tools | Reports | Window | Help |

图 2-2　启动原理图编辑器后的菜单栏

**1.【File】菜单**

【File】菜单主要用于文件的管理工作，例如文件的新建、打开、保存、导入、打印以及显示最近访问的文件信息等，其中最常操作的是【New】子菜单，如图 2-3 所示。

图 2-3 【File】菜单

图 2-4 【View】菜单

图纸的缩放

工具栏
工作面板区

状态栏 命令行

**2. 【View】菜单**

【View】菜单主要用于对图纸的缩放和显示比例的调整，以及对工具栏、工作面板、状态栏和命令行等管理操作，如图 2-4 所示。

**3. 【Project】菜单**

【Project】菜单主要用于设计项目的编译、建立、显示、添加、分析以及版本控制等，如图 2-5 所示。

**4. 【Place】菜单**

【Place】菜单主要用于放置原理图中的各种对象，如图 2-6 所示。

**5. 【Design】菜单**

【Design】菜单主要用于对原理图中库的操作、各种网络表的生成以及层次原理图的绘制，如图 2-7 所示。

**6. 【Tools】菜单**

【Tools】菜单主要用于完成元件的查找、层次原理图中子图和母图之间的切换、原理图自动更新、原理图中元器件的标注等操作，如图 2-8 所示。

**7. 【Reports】菜单和【Window】菜单**

【Reports】菜单主要用来生成原理图文件的各种报表；【Window】菜单项主要用来对窗口的管理，这里不再详细介绍。

## 2.1.2 工具栏

原理图编辑器界面的菜单栏下面是一些常用的工具栏，其作用是为设计人员提供一些最

图 2-5 【Project】菜单

图 2-6 【Place】菜单

图 2-7 【Design】菜单

图 2-8 【Tools】菜单

常用的命令并且将命令以按钮的形式表示出来。设计人员可以自行设置工具栏的显示或隐藏状态，使原理图编辑器的界面更适合设计人员的操作习惯，提高工作效率。

执行菜单命令【View】→【Toolbars】，再分别选择其中的【Formatting】、【Mixed Sim】、【Navigation】、【Schematic Standard】、【Utilities】、【Wiring】子菜单项便可以打开这些系统工具栏。在原理图编辑器主界面上的某一个工具栏上单击鼠标右键，然后在弹出的右键菜单中勾选工具栏的复选框也可以显示或隐藏这些工具栏。6 个工具栏如图 2-9 所示。

图 2-9　Protel DXP 2004 的工具栏

在这 6 个工具栏中最为经常使用的是【Schematic Standard】工具栏、【Wiring】工具栏和【Utilities】工具栏，其中【Schematic Standard】工具栏中各按钮的功能如表 2-1 所示。

表 2-1　【Schematic Standard】工具栏中各按钮的功能

| 按　钮 | 功　能 | 按　钮 | 功　能 |
| --- | --- | --- | --- |
|  | 新建文件 |  | 打开已有文件 |
|  | 保存文件 |  | 打印文件 |
|  | 打印预览 |  | 开启设备视图 |
|  | 查看整张电路图 |  | 放大显示指定区域 |
|  | 放大选择对象 |  | 剪切对象 |
|  | 复制对象 |  | 粘贴 |
|  | 橡皮图章 |  | 在区域内选择对象 |
|  | 移动选择对象 |  | 取消所有对象的选择 |
|  | 清除过滤 |  | 撤销 |
|  | 恢复 |  | 改变设计层次 |
|  | 交叉探测 |  | 浏览元件库 |
|  | 帮助 |  |  |

【Wiring】工具栏中各按钮的功能如表 2-2 所示。

表 2-2　【Wiring】工具栏中各按钮的功能

| 按　钮 | 功　能 | 按　钮 | 功　能 |
|---|---|---|---|
| | 放置导线 | | 放置总线 |
| | 放置总线入口 | Net1 | 放置网络标签 |
| | 放置电源地 | VCC | 放置电源 |
| | 放置元件 | | 放置图纸符号 |
| | 放置图纸入口 | | 放置端口 |
| × | 放置忽略 ERC 检查指示符 | | |

【Utility】工具栏包括 6 个不同功能的按钮，单击任一功能按钮会弹出相应的工具栏。

实用工具按钮。单击实用工具按钮会弹出如图 2-10 所示的实用工具栏。该工具栏主要用于在原理图上绘制各种不具有电气意义的图形和文字。

调准工具按钮。单击调准工具按钮会弹出如图 2-11 所示的调准工具栏。该工具栏主要用于自动对齐原理图中所选择的元件。

电源按钮。单击电源按钮会弹出如图 2-12 所示的电源工具栏。该工具栏主要用于在原理图中放置各类电源符号。

图 2-10　实用工具栏

图 2-11　调准工具栏

图 2-12　电源工具栏

数字式设备按钮。单击数字式设备按钮会弹出如图 2-13 所示的数字式设备工具栏。该工具栏用于在原理图中放置各种常用的数字电路元器件符号。

仿真电源按钮。单击仿真电源按钮会弹出如图 2-14 所示的仿真电源工具栏。该工具栏用于在原理图中布置各类信号源符号，便于用户对设计进行仿真测试。

网格按钮。单击网格按钮会弹出如图 2-15 所示的网格工具栏。该工具栏用于设置原理图中的对齐网格属性。

### 2.1.3　状态栏及命令行

状态栏位于 Protel DXP 2004 主界面的左下角，其作用是显示系统当前所处的状态，例如当前的坐标位置、栅格信息等。

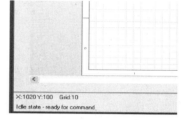

图 2-13　数字式设备工具栏　　　图 2-14　仿真电源工具栏　　　图 2-15　网格工具栏

命令行位于状态栏的下面，其作用是显示系统当前正在执行的命令，例如当系统没有执行任何命令时，Protel DXP 主界面的左下角将会显示"Idle state-ready for command"的字样，如图 2-16 所示。

## 2.1.4　工作面板

具有完备功能的 Protel DXP 2004 工作面板为设计人员进行 PCB 设计提供了最大的方便，当 Protel DXP 2004 切换到不同编辑器的时候，相应的工作面板也会随之切换以适应不同的设计需要。在原理图编辑环境下经常使用的工作

图 2-16　状态栏和命令行

面板有【Projects】工作面板、【Libraries】工作面板、【Files】工作面板，在 PCB 编辑环境下经常使用的工作面板有【Projects】工作面板和【PCB】工作面板，在元件原理图库编辑环境下经常使用【SCH Library】工作面板，在 PCB 元件封装库中经常使用【PCB Library】工作面板。

**1. 常用的工作面板**

（1）【Projects】工作面板

【Projects】工作面板如图 2-17 所示，它用来管理整个设计项目及文件，包括打开文件、保存项目和文件以及关闭项目和文件等操作。

（2）【Libraries】工作面板

【Libraries】工作面板如图 2-18 所示，它是电路原理图设计过程中使用频率最高的工作面板。【Libraries】工作面板可以加载系统自带的集成元件库以及自定义的集成元件库。设计人员可以通过【Libraries】工作面板放置所需元器件。

（3）【Files】工作面板

除了【Projects】工作面板外，系统也提供了另外一种功能强大的文件管理面板——【Files】工作面板，如图 2-19 所示。利用【Files】工作面板也可以方便地管理项目和文件，包括打开一个项目和文件，新建常用的文件以及从模板中新建文件等操作。

（4）【PCB】工作面板

【PCB】工作面板是 PCB 编辑器独有的面板，如图 2-20 所示。通过 PCB 工作面板可以观察到电路板上所有对象的信息，还可以对元件、网络等对象的属性直接进行编辑。

（5）【SCH Library】工作面板

【SCH Library】工作面板是元件原理图编辑器独有的工作面板，如图 2-21 所示。设计人员可以通过【SCH Library】工作面板对元件原理图库中的元件进行管理，例如执行新建、

图 2-17 【Projects】工作面板

图 2-18 【Libraries】工作面板

图 2-19 【Files】工作面板

图 2-20 【PCB】工作面板

图 2-21 【SCH Library】工作面板

图 2-22 【PCB Library】工作面板

编辑、复制、粘贴、删除原理图元件等操作。

（6）【PCB Library】工作面板

　　【PCB Library】工作面板是 PCB 元件封装编辑器独有的工作面板，如图 2-22 所示。设计人员可以通过【PCB Library】工作面板对 PCB 元件封装库中的 PCB 元件封装进行管理，例如进行复制、粘贴、删除 PCB 元件封装等操作。

**2. 工作面板的操作**

（1）工作面板的打开和关闭

随着编辑器的切换，在界面右下角的面板控制区中的标签也随之发生改变，可以根据设计的需要，在面板控制区中选择所需要的工作面板选项，即可打开该工作面板。单击工作面板上的 图标可以关闭工作面板。

（2）工作面板的 3 种显示方式

1）悬浮显示方式。

工作面板的悬浮显示方式是指工作面板出现在工作区的中间，并且在该面板的右上角只有 和 两个图标，如图 2-23 所示。若想使工作面板处于悬浮状态，可以用鼠标左键按住工作面板的状态栏不放，拖动工作面板向工作区中间移动，到合适的位置后，松开鼠标左键即可。

图 2-23　工作面板的悬浮显示方式

图 2-24　工作面板的锁定显示方式

2）锁定显示方式。

工作面板的锁定显示方式是指面板出现时将紧贴在系统界面的周边，并且在面板的右上角会出现、和3个图标，如图2-24所示。若想使工作面板处于锁定状态，可以用鼠标左键按住工作面板的状态栏不放，拖动工作面板向界面两侧移动，当工作面板到达界面两侧时，会弹出一个虚框，此时松开鼠标左键即可，如图2-25所示。

图2-25　弹出虚框时松开鼠标左键

3）隐藏显示方式。

工作面板的隐藏显示方式是指工作面板以面板标签的形式出现在系统界面的左侧或者右侧。当工作面板处于锁定显示方式时，单击图标切换到图标，如图2-26所示，再将光标移开工作面板，工作面板就会自动隐藏，如图2-27所示。在这种显示方式下，只有当光标指向窗口中的面板标签时，工作面板才会自动弹出。

图2-26　图标表示隐藏状态

图2-27　工作面板的隐藏显示方式

（3）工作面板的拆分

有时工作面板重叠在一起使用起来会不大方便，还需要拆分。以图2-28为例，具体的操作方法是在处于重叠工作面板下方的工作面板状态栏上单击鼠标右键，从弹出的右键菜单中取消勾选命令【Allow Dock】中的【Vertically】复选项，这表示不允许【Files】工作面板隐藏在界面的左右两侧，然后拖动工作面板的状态栏再向系统界面的右侧拖动，当重叠的工作面板到达界面右侧时，【Library】工作面板会被锁定在界面的右侧，而【Files】工作面板会被弹出到工作区中间，如图2-29所示，采用此种操作即可以将重叠的工作面板分开。

图2-28　去除【Vertically】复选项　　　　图2-29　【Files】工作面板被弹出

## 2.2　设置图纸和优先选项

### 2.2.1　原理图图纸的设置

一般在设计电路原理图之前，应该先对电路原理图图纸的相关参数进行设置，以满足设计人员的需要。电路原理图图纸的设置主要包括标题栏、图纸大小、图纸方向、图纸颜色、栅格等。

在原理图工作区的空白处单击鼠标右键，弹出右键快捷菜单，从弹出的右键菜单中选择【Options】→【Document Options】选项，可以弹出如图2-30所示的【Document Options】对话框。下面介绍图纸属性对话框中【Sheet Options】选项卡中的一些常用选项。

**1. 图纸大小的设置**

图纸大小的设置在对话框的【Standard Style】区域中，在【Standard styles】下拉列表框中可以设置图纸尺寸，如图2-31所示。

Protel DXP所提供的图纸样式有以下几种。

美制：A0、A1、A2、A3、A4，其中A4最小。

英制：A、B、C、D、E，其中A型最小。

其他：Protel还支持其他类型的图纸，如Orcad A、Letter、Legal等。

图 2-30 【Document Options】对话框

图 2-31 设置图纸大小

### 2. 图纸方向的设置

单击对话框【Options】区域中的【Orientation】下拉列表框可以设置图纸方向。在 Protel DXP 中，系统提供了两种图纸方向选项：【Landscape】选项表示图纸为水平放置；【Portrait】选项表示图纸为垂直放置。

### 3. 图纸颜色的设置

【Options】区域中的【Border Color】颜色选择框的功能是用来设置图纸边框的颜色，系统的默认颜色为黑色。如果设计人员想要修改系统默认颜色，那么只需在右边的颜色框中单击鼠标左键就可以弹出如图 2-32 所示的颜色选择对话框。

【Options】区域中的【Sheet Color】颜色选择框的功能是用来设置图纸的颜色，系统的默认颜色为白色。如果设计人员想要修改图纸的默认颜色，采用的设置方法与图纸边框的颜色设置方法完全相同。

### 4. 原理图栅格

在图纸属性对话框中的【Grids】区域中合理设置原理图栅格，可以有效提高绘制原理图的质量。原理图栅格包括 Snap（移动）栅格和 Visible（可视）栅格。

Snap 栅格：选中【Snap】复选项后，光标以 Snap 栅格后的设置项为单位移动对象，便于对象的对齐定位。若未选中该项，光标的移动将是连续的。

Visible 栅格：选中【Visible】复选项后，工作区将显示栅格，其右侧的编辑框用来设置可视化栅格的尺寸。

**5. 电气栅格**

在图纸属性对话框中的【Electrical Grid】区域中设置电气栅格。选中【Enable】复选项，系统将自动以光标所在的位置为中心，向四周搜索电气节点，搜索半径为【Grid Range】设置框中的设定值。

【Document Options】对话框中【Units】选项卡用于设置系统采用的单位，勾选复选框可以选择在设计过程中使用英制单位（Imperial）还是公制（Metic）单位。选定单位类型后，还要根据设计需要设置该类型单位中的基本单位，如图 2-33 所示。

图 2-32 颜色选择对话框

图 2-33 【Units】选项卡

## 2.2.2 原理图优先选项的设置

原理图优先选项的设定对于原理图的绘制来说是必要的，因为只有恰当地对原理图优先选项进行设置才能更准确地表达设计人员的设计思想，也能使整个设计过程变得更加简便。但是对于初学 Protel DXP 2004 的设计人员来说，还是建议采用系统的默认设置，等到对该软件的整个设计过程有一定的了解和掌握后，再学习设置原理图的优先选项。

在原理图编辑器界面上执行菜单命令【Tools】→【Schematic Preferences】，就会弹出如图 2-34 所示的【Preferences】对话框。【Preferences】对话框中【Schematic】选项中共有 9 个选项卡，分别用于设置原理图绘制过程中的各类功能设置项，具体包括【General】选项卡、【Graphical Editing】选项卡、【Compiler】选项卡、【AutoFocus】选项卡、【Grids】选项卡、

【Break Wire】选项卡、【Default Units】选项卡、【Default Primitives】选项卡和【Orcad】选项卡。其中最为经常使用的是前3个选项卡，而【Grids】选项卡和【Default Units】选项卡中的常用功能设置项也可以在原理图图纸属性对话框中进行设置。

由于原理图优先选项中9个选项卡所涉及的功能过多，本节不一一做详细的介绍，设计人员也可以在进行原理图设计时尝试修改每个选项卡中的功能设置项来了解它们的具体作用。本节只针对【General】选项卡、【Graphical Editing】选项卡和【Compiler】选项卡中最常用的功能设置项加以说明。

### 1.【General】选项卡

如图2-34所示，该选项卡主要用于原理图编辑过程中的通用设置。

图 2-34　原理图优先选项的设置

在进行原理图设计时可以勾选【Options】区域中的【Display Cross-Overs】复选项，此时系统会采用横跨符号表示交叉而不导通的连线。未选择和选择该选项的示意图如图2-35所示。

【Auto-Increment During Placement】区域用来设置元件及引脚号在自动标注过程中的序号递增量。

例如在原理图上连续放置元件时，【Primary】设置框用于设置元件自动标注的递增量。修改【Primary】设置框的设置为"2"，加入设置第一个电容元件的标号是"C1"，那么系统会为接下来的电容标上"C3"、"C5"等元件标号。

而在原理图库中绘制原理图符号时，【Primary】设置框可以设置元件引脚名称的自动递增量；【Secondary】设置框用于设置元件引脚标号的自动递增量。例如，连续放置元件引脚时，修改【Primary】设置框中设置为"2"，【Secondary】设置框中设置为"3"，则连续放置引脚的效果图如图2-36所示。

图 2-35　选择【Display Cross-Overs】复选项前后
a）选择前　b）选择后

图 2-36　连续放置元件引脚

## 2. 【Graphical Editing】选项卡

如图 2-37 所示，该选项卡主要对原理图编辑中的图像编辑属性进行设置，如鼠标指针类型、后退或重复操作次数等。

图 2-37 【Graphical Editing】选项卡

【Cursor】区域用于定义光标的显示类型。【Cursor Type】下拉列表框中有 4 个选项：【Large Cursor 90】项为光标呈 90°大十字型；【Small Cursor 90】项为光标呈 90°小十字型；【Small Cursor 45】项为光标呈 45°大十字型；【Tiny Cursor 45】项为光标呈 45°小十字型。这4 种光标视图如图 2-38 所示。

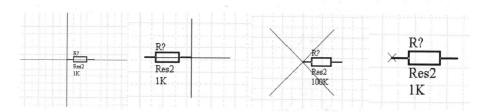

图 2-38 4 种不同的光标类型

3. 【Compiler】选项卡如图 2-39 所示，该选项卡主要用于设置原理图编译属性，一般不建议修改。

【Errors & Warnings】区域用于设置编译错误或警告信息。系统提供 3 种不同的错误和警告等级，分别是"Fatal Error"、"Error" 和 "Warning"，在绘制原理图或编译原理图时，默认分别用红色、橙色和蓝色波浪线提示设计人员相应的错误级别。设计人员可在【Display】栏中选择是否显示对应级别的错误或警告信息，在【Color】栏中设置对应级别的错误或警告信息的颜色。

【Auto Junctions】区域用于设置在原理图中导线和总线上自动生成的电气连接点的属性，包括是否显示导线上自动生成的电气连接点，以及选择电气连接点的尺寸和颜色。勾选此选项，则在原理图的设计过程中，当两条导线成 "T" 字型连接时，在两条导线的连接处有电

图 2-39　【Compiler】选项卡

气连接点，说明这两条导线是连通的；而当两条导线成"十"字型连接时，在两条导线的连接处是没有电气连接点的，说明两条导线不具有连接关系。

## 2.3　原理图设计流程

电路原理图设计是 PCB 设计的前提，一般来讲，原理图设计的大致流程如图 2-40 所示。

图 2-40　原理图设计的一般流程

（1）启动 Protel DXP 2004 的原理图编辑器

首次启动 Protel DXP 设计系统后，首先进入的是系统的主界面，因此设计人员必须要启动原理图编辑器才能开始原理图的设计工作。前面已经介绍过，设计人员可以通过打开或者新建原理图文件来启动原理图编辑器。

（2）设置原理图图纸

进行电路原理图设计之前，设计人员应该根据实际设计电路的规模和复杂程度等来设置原理图图纸的尺寸、方向、标题栏以及颜色等参数。

（3）设置原理图优先选项

原理图优先选项的设置主要设计个性化的工作界面，主要包括网格类型、网格间距、光标类型等界面参数的设置。一般来说，大多数的原理图优先选项均采用系统默认值。

（4）装载元件库

Protel DXP 设计系统拥有涵盖众多厂商、内容非常齐全的集成元件库。设计人员在向原理图中放置元件时，必须要将该元件所在的集成元件库装载到当前的原理图编辑器中。这里需要注意的是，如果一次装载过多的元件库，将会占用较多的系统资源，同时也会降低系统的执行效率。

（5）放置元件并布局

根据实际电路设计的具体要求，设计人员需要从载入的元件集成库中取出所需要的元件，然后根据元件之间的连接关系将元件放置在原理图的相应位置。此后，还需要不断调整元件位置并对元件的序号、封装形式以及显示状态等属性进行设置，即合理布局。

（6）原理图布线

原理图布线就是利用原理图编辑器提供的各种布线工具或者命令将所有元件的对应引脚用具有电气意义的导线或者网络标号等连接起来，从而建立满足电路设计要求的电气连接关系。

（7）原理图的检查及调整

设计人员可以利用 Protel DXP 设计系统提供的各种检查工具对布线后的原理图进行检查。如果有必要，设计人员可以利用原理图编辑器所提供的各种强大功能对原理图进行进一步的调整和修改，从而保证原理图的正确和美观。另外，设计人员还可以利用编辑器提供的绘图工具在原理图中绘制一些不具有电气意义的图形或者文字说明等，以进一步补充和完善所设计的原理图。

（8）各种报表生成

利用 Protel DXP 设计系统提供的各种报表工具可以方便地生成各种报表文件，这些报表中含有原理图设计的各种信息，它们对后面 PCB 的设计具有重要的作用。

（9）文件存储及打印

原理图绘制完成后，设计人员需要对原理图进行存储和输出打印，以供存档。这个过程实际上是对设计的图形文件进行输出的过程，也是一个设置打印参数和打印输出的过程。

## 2.4 思考与练习

1. 熟悉原理图编辑器中工具栏的打开和关闭的方法，掌握各个工具栏的基本功能。

2. 了解原理图设计的基本流程。

3. 练习新建一个名为"MyProject_2. PrjPCB"的 PCB 项目，并在该项目下新建一个名为"MySheet_2A. SchDoc"的原理图文件，要求对原理图图纸的属性进行设置，其中图纸大小设置为 A3，图纸方向设置为纵向，图纸颜色设置为蓝色，设置后观察图纸的变化并将项目及文件保存到目录"D：\Chapter2\MyProject"中。

4. 练习对原理图文件"MySheet_2A. SchDoc"图纸属性的栅格进行设置，其中设置Snap栅格和Visible栅格都为20mil，观察图纸背景栅格的变化，并用键盘上的按键移动光标，观察光标每次的步长变化情况。

5. 练习在项目"MyProject_2. PrjPCB"下再添加一个新的原理图文件"MySheet_2B. SchDoc"，要求对该原理图的电气栅格进行设置，将电气栅格分别设置为10mil和50mil。然后在原理图中放置一个电阻，绘制一条导线与电阻相连接，通过这个过程来观察电气栅格设置前后的变化。

6. 练习设置原理图文件"MySheet_2B. SchDoc"的单位为公制单位，并且公制基本单位设置为"Centimeters"。

7. 练习使用不同的方法在原理图编辑器下打开和关闭【Projects】工作面板、【Libraries】工作面板、【Files】工作面板。

8. 练习在原理图编辑器下打开【List】工作面板，并将【List】工作面板隐藏在界面的左侧。

9. 练习在原理图编辑器下打开【Sheet】工作面板，并将【Sheet】工作面板锁定在界面的右侧。

 本章要点

1. Protel DXP 原理图编辑环境。
2. 原理图图纸和优先选项的相关设置。
3. Protel DXP 常用的工作面板。

第3章

# 原理图设计

原理图设计

创建原理图文件

元件
- 利用工作面板放置
- 利用菜单命令放置
- 利用工具栏放置
- 使用快捷键
- 使用右键菜单

放置电气对象
- 导线
- 总线
- 总线入口
- 网络标签
- 电源和电源地
- 输入/输出端口
- No ERC

原理图的视图操作
- 原理图视图的缩放
- 刷新原理图
- 图纸栅格的设置

元件的编辑操作
- 选择和取消
- 排列和对齐
- 旋转和翻转
- 移动和拖动
- 复制、剪切、粘贴和删除

原理图编辑的高级技巧
- 修改元件属性
- 元件注释
- 元件群体编辑
- 库元件的查询
- 电气规则检查

常用快捷键
原理图报表
原理图设计实例

原理图是设计人员用来表达电路的设计思想、进行电子产品生产、管理技术交流的重要工具。电路的设计者通过原理图描述整个电路的电气特性，说明设计电路的相关参数。Protel DXP 2004 提供的原理图编辑器提供了强大的原理图编辑功能，使用系统提供的原理图编辑器，设计人员可以方便地进行电路设计和绘制，为 PCB 的设计做好准备。

本章重点介绍如何创建原理图文件、各种电气对象的放置、元件的编辑操作以及原理图编辑的高级技巧，最后通过一个实例介绍绘制原理图的完整过程。

## 3.1 创建原理图文件

创建一个 PCB 项目是开始 PCB 设计的首要工作，而新建一个原理图文件是原理图设计的最基本操作。本节将介绍新建 PCB 项目和原理图文件的操作过程。

（1）创建一个新的 PCB 项目

执行菜单命令【File】→【New】→【Project】→【PCB Project】，【Projects】工作面板自动弹出，系统自动创建一个名为"PCB_Project1.PrjPCB"的 PCB 项目，如图 3-1 所示。执行菜单命令【File】→【Save Project】，将 PCB 项目保存到目录"D：\chapter3"下，如图 3-2 所示。

图 3-1 新建工程项目　　　　　　　图 3-2 保存项目

（2）创建一个新的原理图文件

执行菜单命令【File】→【New】→【Schematic】，一个名为"Sheet1.SchDoc"的原理图自动地加载到当前项目下，此时由于项目下添加了新文件，因此当前项目被改变，在项目后出现"*"号以及红色符号进行提示，如图 3-3 所示。执行菜单命令【File】→【Save】将新建原理图文件也保存到目录"D：\chapter3"中，如图 3-4 所示。

（3）再次保存 PCB 项目

再次保存 PCB 项目，同时双击【Projects】工作面板上新建的原理图文件"Sheet1.SchDoc"，此时原理图编辑器会随之启动，可以发现在原理图编辑器的界面上增加了一组新的工具栏，并且菜单栏中增加了新的菜单项。

图 3-3　新建原理图文件

图 3-4　保存原理图文件

# 3.2　放置电气对象

在创建完工程和原理图文件之后，设计人员需要向电路原理图中放置各种电气对象，电气对象包括元件、导线、总线、总线入口、网络标签、电源与电源地和输入/输出端口等。本节重点介绍放置各种电气对象的方法以及它们的属性。

在本节的介绍过程中，对放置元件的各种方法做了详细的介绍，其他电气对象的放置方法与此完全相同，因此不再重复介绍。在放置其他的电气对象时全部采用工具栏进行放置。

## 3.2.1　放置元件

各种常用的电子元器件是电路原理图的最基本组成元素，在电路原理图中经常放置的电子元器件有电阻、电容、二极管、晶体管及各种集成电路等，这些元件都存在于各自的集成元件库中，因此在放置这些元件前，首先必须加载相应的集成元件库。

### 1. 放置元件

在元件所在的集成元件库加载完之后，开始元件的放置工作，元件的放置包括 5 种方法，它们分别是利用【Libraries】工作面板、使用菜单命令、使用工具栏、使用快捷键以及使用右键菜单的方法来进行元件的放置，这几种方法相比较而言，最为经常使用的是利用【Libraries】工作面板放置元件。本节以放置电阻"Res2"为例介绍元件的放置方法。

（1）利用【Libraries】工作面板放置元件

1）单击原理图编辑器右下角面板控制区的【System】标签，选择其中的【Libraries】选项，从而打开【Libraries】工作面板。

2）单击【Libraries】工作面板上的元件库下拉框旁的 按钮，在显示的下拉列表中选择集成元件库"Miscellaneous Devices. IntLib"，便可以将该集成元件库设为当前库，如图 3-5 所示。

3）在【Libraries】工作面板上的过滤栏中输入"Res"作为过滤条件，此时在【Libraries】工作面板的元件列表中将显示出当前库中所有名称中包括"Res"的元件，如图 3-6

图 3-5　选择元件库

图 3-6　使用过滤栏查找元件

所示。

4）选中并拖动电阻元件"Res2"至原理图编辑器的工作区，至此电阻"Rcs2"放置完成。

（2）利用菜单命令放置元件

1）执行菜单命令【Place】→【Part】后，弹出一个【Place Part】对话框，如图 3-7 所示，对话框中的【Lib Ref】编辑框中显示的是上次放置的元件名称。

2）在【Lib Ref】编辑框中输入元件名称"Res2"，单击 OK 按钮，此时光标变成十字形，并且十字形光标上粘贴着待放置的元件，在工作区中的适当位置单击鼠标左键，即可完成一个电阻元件的放置工作。

（3）使用工具栏放置元件

单击【Wiring】工具栏中的 图标后，同样会弹出图 3-7 所示的【Place Part】对话框，采用上述同样的方法即可放置一个元件。

（4）使用快捷键 P + P 放置元件

操作方法同上。

（5）使用右键菜单的方法放置元件

在原理图编辑器工作区的空白位置，单击鼠标右键，从弹出的菜单中选择命令【Place】→【Part】，如图 3-8 所示。采用上述同样的方法也可放置一个元件。

图 3-7　【Place Part】对话框

图 3-8　使用右键菜单放置元件

**2. 元件属性**

在放置完元件后可以对元件属性进行修改，当然也可以在放置元件的过程中修改元件的属性。修改元件属性的方法有 3 种。

1）放置元件后，双击元件可以弹出【Component Properties】对话框。在【Component Properties】对话框中修改元件的属性。

2）放置元件后，在元件上单击鼠标右键，弹出右键菜单，在右键菜单中选择命令【Properties】来修改元件的属性。

3）另外，在放置元件的过程中，即元件处于悬浮状态时，通过按住键盘上的【Tab】键来修改元件的属性。

上述 3 种操作都会弹出【Component Properties】对话框，如图 3-9 所示。

图 3-9 【Component Properties】对话框

【Component Properties】对话框包括 4 个区域，它们分别是【Properties】区域、【Graphical】区域、【Parameters for R?】区域以及【Models for R?】区域。

【Component Properties】对话框中的设置项略微复杂，因此在本节中不做详细介绍，具体的解释请参考 3.5.1 节。

### 3.2.2 绘制导线

导线是原理图设计中最基本的电气对象。电路原理图中的绝大多数电气对象需要用导线进行连接。原理图设计中的导线指的是能通过电流的连接线，是具有电气意义的物理对象。

本节将介绍导线的绘制方法以及导线的属性。

**1. 绘制导线**

1）单击【Wiring】工具栏中的 按钮即可启动放置导线命令，此时光标由箭头变成十字形，将光标移动到需要连接导线的元件引脚处，单击鼠标左键确定导线的起点，此时注意在元件的引脚处出现红色连接标志"×",如图 3-10 所示,说明此时导线是连接到元件引脚的电气节点上的,这时移动光标,就会发现一条导线随着光标移动。

2)然后移动光标到导线的下一个端点处单击鼠标左键即可确定该段导线的终点,同时它也是下一段导线的起点,再移动光标到下一个合适位置,单击鼠标左键确定新的导线段,直至确定整个导线的终点,最后单击鼠标右键或者按【Esc】键即可完成一条连续导线的放置工作。

图 3-10　导线连接到元件
引脚的电气节点

3)在放置导线的过程中,设计人员同时按【Shift】键和【Space】键可以使导线模式在任意角度模式、90°模式、45°模式和自动布线模式之间进行切换,具体的导线模式可以从原理图编辑器的状态栏正中间的位置观察到。

**2. 导线属性**

同样可以在导线的绘制过程中更改导线的属性,也可以在导线绘制结束之后再更改导线的属性。假设导线已经绘制结束,此时可通过双击导线来修改导线属性。双击导线后会弹出【Wire】属性对话框,如图 3-11 所示。

导线的属性比较简单,共包括两个设置项。单击【Color】设置框可以打开颜色设置对话框,并可以在该对话框中选择合适的导线颜色,如图

图 3-11　【Wire】属性对话框

3-12 所示。在【Wire Width】下拉列表框中选择导线的宽度,系统提供了 4 种导线宽度可供选择,如图 3-13 所示。

图 3-12　选择导线颜色

图 3-13　选择导线宽度

### 3.2.3　绘制总线

在电路原理图的绘制过程中,经常会有大量的具有相同电气特性的数据线和地址线需要并行布线,如果都用导线连接,会使电路原理图显得过于杂乱。Protel DXP 2004 提供了总线绘制方式,即用一根粗线来表示数条并行的线,这样的粗线称之为总线。

总线是一类功能相似的导线的集合，它不具备电气连接意义，只是为了简化电路原理图而引入的一种表达形式，因此总线必须配合总线入口和网络标签来实现电气意义上的连接。

**1. 绘制总线**

绘制总线的步骤与绘制导线完全相同，如图 3-14 所示，需要在元件 P89C52X2BN 和元件 MC74HC373N 之间放置一根总线，具体的操作步骤如下。

1）单击【Wiring】工具栏中的  按钮，编辑器即可进入到绘制总线的命令下，此时光标将变成十字形。

图 3-14 绘制完总线的电路原理图

2）移动光标到电路原理图中的合适位置，单击鼠标左键即可确定总线的起点，移动光标，再次单击鼠标左键即可确定总线终点。

3）单击鼠标右键即可完成一条总线的绘制工作，绘制完总线的效果如图 3-14 所示。

**2. 总线属性**

在绘制总线的过程中，按键盘上的【Tab】键后会弹出【Bus】属性对话框，如图 3-15 所示。总线属性与导线的属性完全一致，同样也包括总线宽度和总线颜色两个设置项。

### 3.2.4 放置总线入口

总线绘制结束后，需要用总线入口将总线与导线或元件进行连接。总线入口是总线与导线或元件的连接线，它表示一根总线分开成一系列导线或者将一系列导线汇合成一根总线。

**1. 放置总线入口**

在图 3-14 所示电路原理图的基础上，需要利用总线入口将总线和元件 P89C52X2BN、MC74HC373N 连接起来。放置总线入口的具体操作步骤如下。

图 3-15 【Bus】属性对话框

1）单击【Wiring】工具栏中的 按钮，编辑器即可进入到放置总线入口的命令下。

2）进入到绘制总线入口的命令下之后，光标变成十字形且带有总线入口 "＼"，可以通过快捷键【Space】来调整总线入口的方向。

3）移动光标到需要放置总线入口的位置，在总线入口和总线的连接处，以及总线入口和导线的连接处都将出现红色连接标志 "×"，说明总线入口此时是连接到总线或者导线的电气节点上的，单击鼠标左键即可完成放置工作。

4）绘制完一个总线入口后系统仍然处于放置总线入口的状态下，将光标移至另外一个位置，则可以继续绘制下一个总线入口。

5）当所有的总线入口绘制完毕后，单击鼠标右键即可退出绘制总线入口的命令。

放置完总线入口的电路原理图如图 3-16 所示。

图 3-16 绘制完总线入口的电路原理图

**2. 总线入口属性**

总线入口的属性与导线的属性设置基本相同，同样包括【Color】设置项和【Line Width】选择项，以及总线入口两端的坐标。总线入口属性如图 3-17 所示。

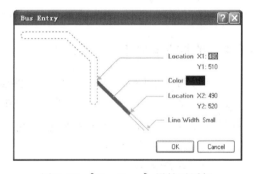

## 3.2.5 放置网络标签

在电路原理图中，通常使用网络标签来简化电路。网络标签用来描述两条导线或者导线与元件引脚之间的电气连接关系，具有相同网

图 3-17 【Bus Entry】属性对话框

络标签的导线或元件引脚等同于用一根导线直接连接，因此网络标签具有实际的电气意义。下面介绍如何利用网络标签来建立元件 P89C52X2BN 和元件 MC74HC373N 之间的电气连接关系。

**1. 放置网络标签**

1）单击【Wiring】工具栏中的 按钮，原理图编辑器进入到放置网络标签的命令下。

2）此时光标将变成十字形且带有一个网络标签，网络标签的默认值为 "NetLabel1"。移动光标到需要放置网络标签的电气对象上，当出现红色连接标志 "×" 时，单击鼠标左键即可放置一个网络标签。

3）放置完一个网络标签后系统仍然处于命令状态下，将光标移至其他位置可以继续放置网络标签。

4）放置完所有的网络标签后，单击鼠标右键退出放置状态。

放置完网络标签的电路原理图如图 3-18 所示。

图 3-18　放置网络标签的电路原理图

**2. 网络标签属性**

在网络标签处于悬浮状态下，按下键盘上的【Tab】键即可弹出【Net Label】属性对话框，如图 3-19 所示。在对话框中包括两个部分，对话框的上方用来设置网络标签的颜色、坐标和方向，对话框的下方【Properties】区域用来设置网络标签的名称和字体。

### 3.2.6　放置电源和电源地

在电路原理图设计过程中，还要为原理图放置电源与电源地。

**1. 放置电源**

1）单击【Wiring】工具栏中的 ⊻CC 按钮，编辑器进入到放置电源的命令状态下。

2）此时光标变成十字形且带有一个电源符号，将光标移到需要放置电源的元件或导线上，当出现红色连接标志"×"时，单击鼠标左键即可放置一个电源。

3）放置电源地和放置电源类似，单击【Wiring】工

图 3-19　【Net Label】对话框

具栏中的 ⏚ 按钮，即可完成电源地的放置。放置完电源和电源地的局部原理图如图 3-20 所示。

**2. 电源与电源地的属性**

在电源或电源地处于悬浮方式下，按下【Tab】键即可弹出如图 3-21 所示的【Power Port】属性对话框，可以设置电源或电源地的属性。

【Power Port】对话框中主要包括两个区域，对话框上方为图形设置区域，主要功能是设置电源与电源地的颜色、方向、类型等参数，具体设置如下。

图 3-20　放置完电源和电源地的局部原理图

图 3-21　【Power Port】属性对话框

【Color】设置框：设置电源或电源地的颜色。

【Orientation】下拉列表框：从下拉列表框中选择电源或电源地的方向，共有 4 种方向可供选择，包括 0 Degrees、90 Degrees、180 Degrees、270 Degrees。

【Location】设置框：定位电源或电源地的坐标，一般采用默认设置即可。

【Style】下拉列表框：从下拉列表框中选择电源类型，共有 7 种不同的电源类型。

对话框的下方【Properties】区域中的【Net】文本框用于设置电源或电源地的名称。

### 3.2.7　放置输入/输出端口

对于电路原理图中任意两个电气节点来说，除了用导线和网络标签来连接外，还可以使用输入/输出端口（I/O 端口）来描述两个电气节点之间的连接关系。相同名称的输入/输出端口，在电气意义上是连接的。

**1. 放置输入/输出端口**

1）单击【Wiring】工具栏中的 按钮，即可启动放置输入/输出端口的命令，如图 3-22所示。

2）此时光标变成十字形且带有一个输入/输出端口，将光标移到需要放置输入/输出端口的导线上，当出现红色连接标志"×"时，单击鼠标左键确定输入/输出端口的左端，再次单击鼠标左键确定输入/输出端口的右端。

图 3-22　输入/输出端口

3）放置完一个输入/输出端口后系统仍然处于命令状态下，将光标移至其他位置可以继续放置输入/输出端口。

4）放置完所有的输入/输出端口后，单击鼠标右键退出放置状态。

**2. 输入/输出端口属性**

在输入/输出端口符号处于悬浮的状态下，按下【Tab】键即可弹出如图 3-23 所示的【Port Properties】对话框，可以设置输入/输出端口的属性。

图 3-23　输入/输出端口属性对话框

【Port Properties】对话框中主要包括两个区域，对话框上方为图形设置区域，主要功能是设置输入/输出端口的长度、填充颜色、文本颜色、外框颜色以及位置等参数，具体设置如下。

【Location X】、【Location Y】：输入/输出端口在原理图上的横坐标和纵坐标。

【Style】：输入/输出端口在原理图上的外形。

【Length】：输入/输出端口长度。

【Alignment】：输入/输出端口名称在端口符号中的位置。

【Text Color】：输入/输出端口名称的颜色。

【Fill Color】：输入/输出端口填充的颜色。

【Border Color】：输入/输出端口边框的颜色。

对话框下方为【Properties】区域，主要功能与设置如下。

【Name】编辑框：用来设置输入/输出端口的名称。

【I/O Type】选择栏：用来设置输入/输出端口的类型，它将给系统的电气规则检测提供依据。端口类型共有 4 种：Unspecified（未定义端口）、Output（输出端口）、Input（输入端口）、Bidirectional（双向端口）。

【Unique Id】编辑框：系统给定的图纸符号的唯一标号，无须修改。

**注意**：对于输入/输出端口有两点需要注意，一是最好先把输入/输出端口的连线连接好，再修改端口的I/O属性，这样才能正确显示输入/输出端口的I/O口方向；二是在Protel DXP 2004 SP2版本中，输入/输出端口的I/O类型设置为未定义和双向时，在原理图上显示的符号是完全一样的，因此在设计时尤其要注意，这个问题在更高版本的软件中已经解决。

### 3.2.8 放置 No ERC

放置"No ERC"的目的是为了在系统进行电气规则检查（ERC）时，忽略对某些节点的检查，以避免在报告中出现错误或警告的提示信息。

单击【Wiring】工具栏中的 ✕ 按钮，或者执行菜单命令【Place】→【directives】→【No ERC】，即可完成"No ERC"的放置，如图3-24所示。可以在【No ERC】属性对话框中设置"忽略ERC测试点"的颜色、位置等参数。

图3-24 "No ERC"符号及其属性对话框

## 3.3 原理图的视图操作

在电路原理图设计过程中，经常需要将原理图的视图调整到最佳状态，这样设计起来会更加方便。原理图编辑器提供了各种方便快捷的调整视图的操作，本节介绍如何缩放原理图视图、刷新原理图以及调整原理图图纸的栅格。

### 3.3.1 原理图视图的缩放

原理图编辑器菜单栏中的【View】菜单用于对图纸的缩放和显示比例调整，设计人员可以根据自己的操作习惯运用【View】菜单的某些命令。

【View】→【Fit Document】：将原理图缩小到全屏幕，浏览整张图纸。

【View】→【Fit All Objects】：将所有绘制的电路都显示在屏幕上，浏览原理图中的全部电路。

【View】→【Area】：将选中的局部区域放大，用于仔细查看电路原理图中的某个细小部分。

【View】→【Around Point】：与局部区域放大基本相同，是以鼠标所在点为中心，放大某个区域。

【View】→【Selected Objects】：用于放大显示处于选中状态的元件。

除此之外，还有将图纸按照比例缩小或放大50%、100%、200%和400%等。其实在实际的设计过程中，最为经常使用的原理图视图缩放的操作方法一般是以下两种。

1）使用键盘上的【Page Up】键或【Page Down】键可以放大或缩小原理图视图。

2）按住键盘上的【Ctrl】键，同时向前或向后滚动鼠标滚轮可以实现以光标为中心的放大和缩小视图的操作。

### 3.3.2 刷新原理图

执行菜单命令【View】→【Refresh】可以刷新视图，在实际的操作过程中，一般直接使用键盘上的【End】键来刷新视图。

### 3.3.3 图纸栅格的设置

原理图图纸中栅格的调整有助于元器件的排列与对齐，方法是在原理图空白处单击鼠标右键，从弹出的右键菜单中选择命令【Options】→【Document Options】，可以弹出【Document Options】对话框。勾选对话框中的【Visible】栅格，并在【Visible】栅格右侧的编辑框中设置可视化栅格的尺寸，从而调整原理图图纸中背景栅格的大小。

## 3.4 元件的编辑操作

本节介绍原理图工作环境中元件的编辑操作，包括元件的选择和取消、排列和对齐、旋转和翻转、移动和拖动以及复制、剪切和粘贴等操作。

### 3.4.1 选择和取消

要对原理图上的元件进行编辑，首先需要选取待编辑的元件；反之，也可根据设计需要，取消对元件的选择。Protel DXP 2004 提供了多种选取和取消元件的方法，下面介绍选取元件和取消元件的最经常使用的方法。

**1. 元件的选择**

（1）单个元件的选择

单个元件的选择，只需要将鼠标移动到需要选取的元件上，然后单击鼠标左键即可，选取后的元件如图 3-25 所示，此时的晶振被选中。如果元件处于选中的状态，则元件周围有绿色或蓝色的小方框，从而可以判断该元件是否被选中。

（2）多个元件的选择

首先按下【Shift】键不放，然后用鼠标逐一选中将要选择的元件，如图 3-26 所示。另一种最常用的选取方法是：在原理图编辑器的工作区中，利用鼠标选取一个区域，区域中包含要选中的所有元件。

**2. 元件的取消**

当原理图编辑器中有元件被选中时，用鼠标单击原理图工作区的空白处，即可完成元件的取消工作。执行【Edit】→【Deselect】→【All on current document】，或者单击工具栏中的按钮，也可以完成取消操作。

图 3-25　选取一个元件　　　　　　　　　图 3-26　选取多个元件

### 3.4.2　排列和对齐

下面以图 3-27 所示的几个元件为例介绍元件的排列与对齐。

图 3-27　执行命令前的元件分布图　　　　图 3-28　纵向左对齐的操作结果

（1）纵向对齐命令

纵向对齐分为左对齐和右对齐，以左对齐为例，先利用区域选择法选中 3 个元件，然后执行菜单命令【Edit】→【Align】→【Align Left】，3 个元件将以最左边的元件为基准进行左对齐。对图 3-27 所示的几个元件进行纵向左对齐操作，结果如图 3-28 所示。

右对齐和左对齐命令类似，执行完后，以最右边的元件为基准右对齐。

（2）水平对齐命令

水平对齐分为上对齐和下对齐，以上对齐为例，先利用区域选择法选中 3 个元件，然后执行菜单命令【Edit】→【Align】→【Align Top】，3 个元件将以最上边的元件为基准对齐。对图 3-27 所示的几个元件进行水平上对齐操作，结果如图 3-29 所示。下对齐和上对齐命令类似，执行完后，以最下边的元件为基准对齐。

图 3-29　水平上对齐的操作结果

### 3.4.3 旋转和翻转

在 Protel DXP 2004 编辑器中，系统提供了两大类快捷键来进行元件的旋转和翻转，下面以一个效果比较明显的晶体管为例说明这两种不同的操作。

（1）利用快捷键【Space】、【Shift + Space】实现旋转

在晶体管处于拖动状态下，利用快捷键【Space】使元件逆时针旋转90°，利用快捷键【Shift + Space】使晶体管顺时针旋转90°，即以十字形光标为中心进行旋转，如图 3-30 所示。

（2）利用快捷键【X】、【Y】实现水平翻转

在晶体管处于拖动状态下，按下【X】、【Y】键可以使晶体管水平、垂直翻转，即以十字形光标为轴做水平、垂直翻转，如图 3-31 和图 3-32 所示。

图 3-30　利用【Space】键逆时针旋转晶体管

图 3-31　水平翻转晶体管

图 3-32　垂直翻转晶体管

**注意：**在对元件进行旋转和翻转操作时，要求输入法一定要在英文状态。

### 3.4.4 移动和拖动

元件的移动和拖动是两种不同的操作，移动元件是指在改变元件位置的时候，无法保持该元件与其他电气对象的电气连接状态，而拖动元件是指在改变元件位置的时候，始终是保持该元件与其他电气对象的电气连接状态的，以图 3-33 所示的两个连接的元件为例说明移动和拖动这两种操作的不同。

（1）元件的移动

鼠标左键单击选中需要移动的元件，然后一直按住鼠标左键，拖拽该元件到指定位置，拖拽过程中，元件与导线断开，如图 3-34 所示。

图 3-33　两个连接的元件

（2）元件的拖动

按住【Ctrl】键，再用鼠标左键单击选中需要拖动的元件，拖拽该元件到指定位置，拖拽过程中，元件始终与导线保持连接，如图 3-35 所示。

图 3-34　处于移动状态的元件

图 3-35　处于拖动状态的元件

### 3.4.5 复制、剪切、粘贴和删除

（1）元件的复制

在元件处于选中状态下，单击标准工具栏中的 ▣ 按钮 ，或者执行菜单命令【Edit】→【Copy】，即可完成元件的复制，最常用的方法是直接使用快捷键【Ctrl + C】来完成此操作。

（2）元件的剪切

在元件处于选中状态下，单击工具栏中的 ✂ 按钮，或者执行菜单命令【Edit】→【Cut】，即可完成元件的剪切，最常用的方法是直接使用快捷键【Ctrl + X】来完成此操作。

（3）元件的粘贴

对原来已经复制或者剪切的元件，单击标准工具栏中的 ▣ 按钮 ，或者执行菜单命令【Edit】→【Paste】，即可完成元件的粘贴，最常用的方法是直接使用快捷键【Ctrl + V】来完成此操作。

（4）元件的删除

选中待删除的元件，按键盘上的【Delete】键即可完成此操作。

## 3.5 原理图编辑的高级技巧

### 3.5.1 修改元件属性

元件的属性主要包括元件的标号、元件的名称、封装形式等。Protel DXP 2004 提供了多种修改元件属性的方法。下面以修改电阻"Res2"的属性为例讲述元件属性的设置方法。

**1. 【Component Properties】对话框**

打开【Component Properties】对话框常用的两种方法为：

1）如果电阻已经被放置到原理图编辑器的工作区中，此时双击电阻元件即可打开【Component Properties】对话框。打开的【Component Properties】对话框如图 3-36 所示。

2）如果电阻处于悬浮状态，此时按下【Tab】键，也可以打开【Component Properties】对话框。

**2. 设置元件属性**

在【Component Properties】对话框中，可以对元件的属性进行设置。下面是对话框中各区域的具体含义。

（1）【Properties】区域

该区域包括以下几类设置项。

【Designator】编辑框：用来设置元件标号。其右侧有两个复选框，【Visble】复选框用来决定元件的标号是否在原理图上显示，【Locked】复选框用来决定元件的标号是否在原理图上可移动。

【Comment】编辑框：用来设置元件的注释，通常是对元件的名称进行简化。其右侧的【Visble】复选框用来决定元件的标号是否在原理图上显示。

图 3-36 【Component Properties】对话框

【Library Ref】编辑框：显示元件在元件库中的名称，此项不能修改。

【Library】编辑框：显示元件所属的元件库名称。

【Description】编辑框：给出元件的描述信息。

【Unique Id】编辑框：系统指定的元件唯一编号，此项不能修改。

（2）【Graphical】区域

该区域包括以下几类设置项。

【Location X】编辑框：元件在原理图中的 X 坐标。

【Location Y】编辑框：元件在原理图中的 Y 坐标。

【Orientation】编辑框：用来设置元件的方向，单击选择右侧的下拉按钮将出现方向选择列表框，4 个选项分别为 0 Degrees、90 Degrees、180 Degrees、270 Degrees。其后面的【Mirrored】复选框，用来决定元件是否进行左右翻转。

【Show All Pins On Sheet】复选框：用来指定是否显示隐藏的元件引脚。

【Local Colors】复选框：用来指定是否使用本地颜色设置，可以对元件的填充颜色、边框颜色和引脚颜色进行个性化设计。

【Lock Pins】复选框：用来指定是否锁定元件引脚。

（3）【Parameters for R？-Res2】区域

该区域用于设置元件的一些基本设计信息，如元件的参数、元件的设计时间、设计公司等。

（4）【Models for R？-Res2】列表

该列表一般包括下列 3 个模型类型，其中以【Footprint】模型最为常用。

【Simulation】模型类型：显示的是元件的仿真模型信息。

【Signal Integrity】模型类型：显示的是元件的信号完整性模型信息。

【Footprint】模型类型：显示的是元件的 PCB 引脚封装信息。

另外，【Model for R？-Res2】列表的底部还有 3 个按钮，它们分别用来对元件的模型信息进行追加、删除和编辑操作。

**3. 修改元件属性**

除了使用【Component Properties】对话框对元件的属性进行设置之外，还可以直接修改元件显示在图纸上的标号和数值等参数，其方法如下。

1）双击需要修改的电阻标号"R?"，这时会出现【Parameter Properties】对话框，如图3-37所示，在【Value】编辑框中修改电阻标号。【Parameter Properties】对话框中的参数与【Component Properties】对话框中的参数基本相同，这里不再重复说明。

2）在原理图上单击电阻阻值1K，间隔几秒后，再次单击该电阻阻值，这时"1K"变为可编辑状态，如图3-38所示。此时直接在编辑框中修改电阻阻值即可。

图3-37　【Parameter Properties】对话框

图3-38　参数处于可编辑状态

### 3.5.2　元件注释

在绘制原理图时，经常会涉及元件注释问题，如果设计人员采用手动的方法进行元件注释，在元件较多的情况下会大大降低工作效率，为设计人员编辑原理图造成极大的不便。Protel DXP 2004系统提供了元件自动注释的功能，从而保证了在整个设计系统中所有元件标号保持一定的顺序。

执行菜单命令【Tools】→【Annotate】，弹出【Annotate】对话框，如图3-39所示。

图3-39　【Annotate】对话框

【Annotate】对话框包括 4 个区域，它们分别是【Order of Processing】区域、【Matching Options】区域、【Schematic Sheets To Annotate】区域和【Proposed Change List】区域。

（1）【Order of Processing】区域

该区域中有以下 4 种自动注释的顺序可供选择。

【Up Then Across】：所有元件在原理图中按照自下而上，再自左而右的顺序排列。

【Down Then Across】：所有元件在原理图中按照自上而下，再自左而右的顺序排列。

【Across Then Up】：所有元件在原理图中按照自左而右，再自下而上的顺序排列。

【Across Then Down】：所有元件在原理图中按照自左而右，再自上而下的顺序排列。

（2）【Proposed Change List】区域

该区域有以下 3 栏。

【Current】栏：列出了元件的当前标号。

【Proposed】栏：列出执行自动注释后产生的元件标号。

【Location of Part】栏：列出元件所在的原理图文档。

（3）【Schematic Sheets To Annotate】区域

该区域用于设置需要自动注释的原理图名称（Schematic Sheet）、自动注释的范围（Annotation Scope）、自动注释原理图的顺序（Order）、自动注释的起始序号（Start Index）和后缀（Suffix）。

在了解【Annotate】对话框中常用选项的功能后，就可以利用自动注释功能为图 3-40 中的元件进行注释。

图 3-40 需要自动注释的部分电路原理图

元件注释步骤如下：

1）执行菜单命令【Tools】→【Annotate】，弹出如图 3-41 所示的元件注释对话框。在对话框中【Order of Processing】区域的编辑框中设置"Across Then Down"，其余设置保持默认。

图 3-41 【Annotate】对话框

2）设置完成后，单击 Update Changes List 按钮，弹出【DXP Information】对话框，提示有 5 个元件需要注释，如图 3-42 所示。

图 3-42 【DXP Information】对话框

3）单击 OK 按钮关闭该对话框，可以看到在【Annotate】对话框中的【Proposed Change List】区域给出了元件注释后的编号，如图 3-43 所示。

**Proposed Change List**

| Current | | | Proposed | | Location of Part |
|---|---|---|---|---|---|
| | Designator | Sub | Designator | Sub | Schematic Sheet |
| ☐ | C? | ☐ | C1 | | Sheet1.SchDoc |
| ☐ | C? | ☐ | C2 | | Sheet1.SchDoc |
| ☐ | C? | ☐ | C3 | | Sheet1.SchDoc |
| ☐ | R? | ☐ | R1 | | Sheet1.SchDoc |
| ☐ | Y? | ☐ | Y1 | | Sheet1.SchDoc |

图 3-43 元件被注释

4）单击【Annotate】对话框中的 Accept Changes (Create ECO) 按钮，弹出【Engineering Change Order】对话框，如图 3-44 所示，单击 Validate Changes 按钮和 Execute Changes 按钮对变化进行检查并执行变化。

图 3-44 【Engineering Change Order】对话框

5）通常情况下，对元件进行自动注释不会产生任何错误。关闭【Engineering Change Order】对话框回到【Annotate】对话框，在【Annotate】对话框中的【Proposed Change List】区域可以看到 5 个元件已经全部注释完成，如图 3-45 所示。

6）注释后的原理图如图 3-46 所示。

**Proposed Change List**

| Current | | | Proposed | | Location of Part |
| --- | --- | --- | --- | --- | --- |
| Designator | / | Sub | Designator | Sub | Schematic Sheet |
| ☐ C1 | | ☐ | C1 | | Sheet1.SchDoc |
| ☐ C2 | | ☐ | C2 | | Sheet1.SchDoc |
| ☐ C3 | | ☐ | C3 | | Sheet1.SchDoc |
| ☐ R1 | | ☐ | R1 | | Sheet1.SchDoc |
| ☐ Y1 | | ☐ | Y1 | | Sheet1.SchDoc |

图 3-45  元件注释全部完成

### 3.5.3  元件群体编辑

在绘制电路原理图时，经常会出现对同一类元件的某些属性同时修改的情况，当然可以对每个元件的属性逐一进行修改，但是做起来会比较麻烦，而利用元件群体编辑功能可以快速方便地实现这一功能。

以图 3-47 所示的局部电路原理图为例，要求将电路原理图中所有网络标签的字体由 10 号全部修改为 16 号。

移动光标到需要修改参数的任意一个网络标签上，如网络标签"A0"，单击鼠标右键，在弹出的右键快捷菜单中选择【Find Similar Objects】选项，将弹出如图 3-48 所示的【Find Similar Objects】对话框。

图 3-46  注释后的原理图

图 3-47  局部电路原理图

通过设置【Find Similar Objects】对话框中的选项，设计人员可以查找具有共同属性的同类其他对象，【Find Similar Objects】对话框中各个区域的功能如下。

（1）【Kind】区域

该区域显示当前对象的类别，如元件、导线或其他对象。

（2）【Design】区域

该区域中的【Owner Document】编辑框显示当前原理图文件所在的目录。

（3）【Graphical】区域

该区域用于设定对象的图形显示参数。

【Color】表示对象在原理图中的颜色。

【X1】、【Y1】表示对象在原理图上的坐标。

【FontId】表示对象在原理图中的字体。

【Orientation】表示对象的方向，即被旋转的角度。

【Selected】表示对象是否被选择。

（4）【Object Specific】区域

该区域中的【Text】编辑框显示的是对象的名称。

图 3-48 【Find Similar Objects】对话框

以上参数都可以被当做搜索的条件，单击选项右侧的下拉列表显示 3 个选项，即 "Same"、"Different" 或 "Any"，如图 3-49 所示。这 3 个选项表示所要搜索的对象类别和当前对象类别的关系。

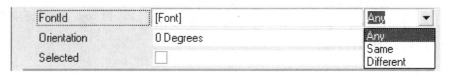

图 3-49 3 个选择项

【Same】表示要求待查找对象的属性与对应栏中设置的属性相同。

【Different】表示要求待查找对象的属性与对应栏中设置的属性必须不相同。

【Any】表示对待查找的对象该项属性不作要求，可为任意值。

（5）复选项和下拉列表框

【Find Similar Objects】对话框下方为 6 个复选项和 1 个下拉列表框。

【Zoom Matching】复选项用于设置是否将条件相匹配的对象，以最大显示模式，居中显示在原理图编辑窗口内。

【Mask Matching】复选项用于设置是否在显示条件相匹配的对象的同时，将其他对象屏蔽掉。

【Clear Existing】复选项用于设置是否清除已存在的过滤条件。

【Create Expression】复选项用于设置是否自动创建一个表达式，以便以后再用。系统默认为不创建。

【Run Inspector】复选项用于设置是否自动打开【Inspector】工作面板。

【Select Matching】复选项用于设置是否将符合匹配条件的对象全部选中。

下拉列表框中的【Current Document】选项表示在当前的原理图文件中查找相似对象。

下拉列表框中的【Opened Document】选项表示在所有已打开的原理图文件中查找相似对象。

注意，随着被搜索对象的不同，【Find Similar Objects】对话框中的选项也是发生变化的。在掌握【Find Similar Objects】对话框中所有选项的功能后，就利用元件群体编辑功能修改网络标签的字体。

修改网络标签字体的步骤如下：

1）在网络标签"A0"上单击鼠标右键，在弹出的右键快捷菜单中选择【Find Similar Objects】选项，在弹出的【Find Similar Objects】对话框中勾选【Zoom Matching】、【Select Matching】、【Clear Existing】、【Mask Matching】、【Run Inspector】复选项，其他采用默认设置。

2）单击 OK 按钮，关闭【Find Similar Objects】对话框，所有网络标签高亮显示在原理图图纸上，如图 3-50 所示。

图 3-50　执行【Find Similar Objects】命令后的效果图

3）由于在【Find Similar Objects】对话框中选择了【Run Inspector】复选项，所以执行【Find Similar Objects】命令后，系统打开如图3-51 所示的【Inspector】工作面板。

4）在【Inspector】工作面板中单击【FontId】编辑框，在弹出的字体对话框中将网络标签的字体改为"16"，其他参数保持不变，最后按【Enter】键即可将更改应用到搜索到的所有网络标签，更改后的结果如图3-52所示。

5）关闭【Inspector】工作面板，再使用快捷键【Shift + C】，清除其他对象的屏蔽状态。

图 3-51　【Inspector】工作面板

图 3-52　群体编辑后的效果图

### 3.5.4 库元件的查询

Protel DXP 2004 系统中有两个最为经常使用的集成元件库，它们分别是集成元件库"Miscellaneous Devices. Intlib"和"Miscellaneous Connectors. IntLib"，这两个集成元件库中包括了原理图设计过程中最基本的各种元器件以及接口。然而在原理图设计的过程中，除了这些基本元器件和接口之外，设计人员还会使用到其他集成元件库中的元器件，对于初学 Protel DXP 2004 的设计人员来说，很难知道这些元件所在的集成元件库。因此，如何查询到所需用的元件是设计人员必须掌握。

本节中以查找元件"MC74HC373N"为例，配合【Libraries】工作面板来说明查询库元件的具体过程。

1）打开原理图"Sheet1. SchDoc"，单击 Protel DXP 原理图编辑器的主界面右下角面板控制区的【System】标签，选择其中的【Libraries】选项，打开【Libraries】工作面板。

2）在【Libraries】工作面板中单击 Search... 按钮，此时会弹出【Librarics Search】对话框，如图 3-53 所示。

图 3-53 【Libraries Search】对话框

3）选择【Scope】区域中的选项【Libraries on path】，并确保【Path】区域的【Path】编辑框中设置的是系统自带库所在的路径，并勾选【Include Subdirectories】复选项。

4）在【Libraries Search】对话框上方空白输入栏内输入字符"74HC373"，然后单击 Search... 按钮，系统会自动搜索名称中包含"74HC373"的元件。

5）此时系统会转换到原理图编辑器界面，在【Libraries】工作面板上通过显示的滚动项可以看到在系统自带库中查找元件的整个过程。

6）如果【Libraries Search】对话框中的设置完全正确，通常会有几个元件被找到并且显示在【Libraries】工作面板上，如图 3-54 所示。

7）在【Libraries】工作面板上的元件列表区域找到所需的元件，双击该元件的名称，会弹出一个【Confirm】对话框，如图 3-55 所示。该对话框提示设计人员，包含元件"MC74HC373N"的集成元件库"Motorola Logic Latch. IntLib"尚未被加载，并询问是否马上加载。

图 3-54　14 个元件被找到

图 3-55　加载集成元件库

8）单击【Confirm】对话框中的  按钮，加载该集成元件库，此时元件
"MC74HC373N"出现在光标上，并随光标移动，此时将元件"MC74HC373N"放入到原理
图编辑器的工作区中即可。

以上是搜索库元件的一般步骤，想要正确地查找所需要的库元件，除了掌握上述步骤以
外，还必须要了解【Libraries Search】对话框中的各项设置。【Libraries Search】对话框下方
包括 3 个区域，它们分别是【Options】区域、【Scope】区域和【Path】区域。

（1）【Options】区域

该区域包括【Search type】下拉列表框和一个复选项，如图 3-56 所示。

【Search type】下拉列表框用于选择搜索的类型，包括"Components"、"Protel Foot-
prints"和"3D Models"3 种类型。因为现在是向原理图中放置元件，因此选择"Compo-
nents"。

【Clear existing query】复选项表示下次搜索时清空【Libraries Search】对话框上方的输
入栏。

图 3-56　【Options】区域

（2）【Scope】区域

该区域中有 3 个单选项。

【Available Libraries】选项指的是系统在当前加载的库中进行搜索元件。

【Libraries on Path】选项指的是系统在系统自带库安装的路径下搜索元件。

【Refine lase search】选项指的是系统在上一次搜索的结果中再次搜索元件。

（3）【Path】区域

该区域只有在【Scope】区域选择【Libraries on Path】选项时生效，用来为系统搜索元件提供搜索路径。

### 3.5.5 电气规则检查

在一个项目绘制完成之后，为了确保电路原理图设计的正确性，就必须对电路原理图中具有电气特性的各个电路进行电气规则检查，以及时发现并找出电路设计中存在的错误，从而有效地提高设计质量和效率。Protel DXP 2004 提供了多种多样的电气规则检查，几乎涵盖了在电路设计过程中可能出现的所有错误和警告。

电气规则检查（Electrical Rules Check，ERC），是通过对项目或原理图文件进行编译操作实现查错的目的。如果是对项目进行编译，则在 Protel DXP 2004 原理图编辑器的主界面上执行菜单命令【Project】→【Compile PCB Project PCB_Project1. PrjPCB】；如果是对项目下的某一个原理图文件进行编译，则在 Protel DXP 2004 原理图编辑器的主界面上执行菜单命令【Project】→【Compile Document Sheet1. SchDoc】；或者直接用右键单击【Projects】工作面板中要编译的项目或文件，在弹出的右键菜单中同样选择命令【Compile PCB Project PCB_Project1. PrjPCB】或【Compile Document Sheet1. SchDoc】后，即可对项目或文件进行编译。

编译后系统的自动检测结果将出现在【Messages】工作面板中，在【Messages】工作面板上可根据出现的错误或警告的提示信息对原理图进行修改。

**注意**：只有出现错误的时候，【Messages】工作面板才会自动弹出；而只有警告的时候，【Messages】工作面板是不会自动弹出的。如果设计人员需要处理系统提示的警告时，必须自己调出【Messages】工作面板。熟练的设计人员可能对某些警告不予处理，建议初学的设计人员尽量根据系统提示的警告信息进行修改原理图设计。

下面以将原理图文件"Sheet1. SchDoc"中两个电容的标号全部设置成"C1"为例，如图 3-57 所示，说明通过 ERC 查错的具体步骤。

1）右键单击【Projects】工作面板中要编译的文件"Sheet1. SchDoc"，在弹出的右键菜单中选择命令【Compile Document Sheet1. SchDoc】。

2）因为设计中出现错误，系统会自动弹出【Messages】工作面板，并在【Messages】面板中显示出项目编译的结果，如图 3-58 所示。

图 3-57　重复的电容标号

| Class | Document | Source | Message | Time | Date | No. |
|-------|----------|--------|---------|------|------|-----|
| [Error] | Sheet1.SchDoc | Compiler | Duplicate Component Designators C1 at 265,550 and 265,470 | 上午 0... | 2011-1... | 1 |
| [Error] | Sheet1.SchDoc | Compiler | Duplicate Net Names Wire NetC1_2 | 上午 0... | 2011-1... | 11 |

图 3-58　自动弹出的【Messages】工作面板

3）在【Messages】工作面板上双击第一个【Error】信息，此时系统会自动跳转到出现错误的对象上，错误的对象被放大且呈高亮状态，其他对象被屏蔽，如图 3-59 所示。分别单击【Compile Errors】对话框中两个标号为"C1"的电容就找到了出错的对象，对出错的对象进行修改并保存。

图 3-59　高亮显示错误对象

4）再次对文件进行编译，直至全部的错误被消除为止。

**注意：** 如果对原理图优先选项未做任何修改，则系统会在原理图上实时用 3 种不同颜色提示致命错误、错误和警告的信息，设计人员在设计过程中根据颜色就可以判断出是哪种类型的提示信息，至于错误或警告的具体原因，还需要利用电气规则检查来确认。

### 3.5.6　向 Word 文档中复制原理图

从原理图中向 Word 文档中复制电路图这个操作与 Word 文档中对文档进行的复制、粘贴的方法以及快捷键是完全一致的。

1）首先选中需要复制的电路原理图。注意，如果电路原理图中元件处于选中的状态，则元件周围有绿色或蓝色的小方框，从而可以判断元件是否被选中。对象全被选中的状态如图 3-60 所示。

2）按快捷键【Ctrl + C】，对选中的电路原理图进行复制。

3）切换到 Word，移动光标到 Word 文档中的合适位置，使用快捷键【Ctrl + V】，即可完成原理图的粘贴操作。

在执行完粘贴操作后，设计人员会发现粘贴 Word 文档中的图形与原理图中的电路是完全一致的，同时采用此方法粘贴到 Word 文档中的图形非常清晰，粘贴到 Word 文档后的效果如图 3-61 所示。

### 3.5.7　常见的错误和警告

对于初学原理图设计的人员来说，由于操作方法不熟练、缺乏操作经验等，在原理图的设计过程中会经常遇到一些问题，而这些问题在原理图编译时会以错误和警告的形式提醒设计人员，因此设计人员要对编译过程中常见的一些警告和错误加以了解，以便能够及时

图 3-60　对象全被选中状态的原理图

图 3-61　向 Word 文档复制原理图

解决。

现象 1：Warning：【Adding hidden net】。

原因：原理图中某个元件的引脚没有全部显示出来。

解决方法：找到并双击该元件，可以进入该元件的【Component Properties】对话框，选中 Show All Pins On Sheet (Even if Hidden) 前的复选项，然后单击 OK 按钮即可将该元件的所有引脚全部显示出来。

现象 2：Warning：【Un-Designated Part D?】。

原因：原理图中有未编号的元件。

解决方法：双击【Massage】工作面板中相应的警告，弹出【Compile Errors】对话框，再单击对话框中的警告，找到警告处，然后双击元件，在【Component Properties】对话框中对元件名进行编号。

现象 3：Error：【Duplicate Component Designators U7 at 370，275 and 370，105】。

原因：原理图中有相同编号的元件。

解决方法：双击【Massage】工作面板中的错误，弹出【Compile Errors】对话框，再单击对话框中的错误，找到错误元件，重新对元件进行编号。

现象 4：Error：【Bus range syntax error A［..］at 140，580】。

原因：端口上的网络标签不正确。

解决方法：双击该端口，将总线网络标签 A［.］改成 A［..］。

现象 5：Warning：【Floating Power Object GND】。

原因：在原理图中没有能够提供电源的元件。

解决方法：在原理图中创建一个电源元件。

现象 6：利用【Library】工作面板中的【Search】按钮无法查找到所需元件。

原因：可能是在【Library】工作面板中元件过滤列表框中存在上一次过滤的其他元件信息没有被删除。

解决方法：将元件过滤列表框中存在的上一次过滤的其他元件信息删除掉即可。

现象 7：Error：【NetU1_10 contains Output Port and Bidirectional Port objects（Port RXD，Port RXD）】。

原因：层次原理图中相应位置的输入/输出端口的 I/O 属性不一致。

解决方法：双击【Massage】工作面板中的错误，弹出【Complile Errors】对话框，再单击对话框中的错误，找到错误元件，修改输入/输出端口的 I/O 属性，使对应属性保持一致。

现象 8：在画图过程中元件不能翻转或者旋转。

原因：输入法不正确或者是元件处于选中状态而不是拖动状态。

解决方法：检查输入法，要求元件处于拖动状态，在英文输入状态下使用【X】键或者【Y】键实现翻转或旋转功能。

# 3.6 常用快捷键

进行原理图设计时，设计人员如果能够熟练使用一些快捷键，不仅能快速执行许多命令和操作，更为重要的是它可以大大提高设计人员的工作效率。Protel DXP 2004 原理图设计中的快捷键很多，完全掌握所有的快捷操作很难，因此只要记住经常使用的快捷键，便足够满足平时设计的需要。

Protel DXP 2004 的快捷键分为两大类，一类是菜单选项快捷键；另一类是适用于不同编辑器的专用快捷键。其中，菜单选项快捷键指的是对菜单选项中带有下画线的字母的操作，例如：如果想使用菜单命令创建一个新的原理图文件，具体的操作方法为选择菜单命令【File】→【New】→【(Schematic)，而如果使用菜单选项快捷键，只需依次按下 【F】键、【N】键和【S】键，则可以同样创建一个新的原理图文件。对于第二类适用于不同编辑器的专用快捷键，则需要设计人员平时加以积累和记忆。总的来说，在电路原理图设计过程中经常使用的快捷键如表 3-1 所示。

表 3-1　电路原理图设计中的常用快捷键

| 快捷键 | 相关操作 |
|---|---|
| 视图的操作 | |
| Page Up、Ctrl + 滚轮上滑 | 放大视图 |
| Page Down、Ctrl + 滚轮下滑 | 缩小视图 |
| 鼠标滚轮上滑、下滑 | 视图上下移动 |
| Shift + 滚轮上滑、Shift + 滚轮下滑 | 视图左右移动 |
| End | 刷新屏幕 |
| G | 循环切换格点设置 |
| 对象的操作 | |
| Esc | 取消当前的操作 |
| Tab | 启动浮动对象的属性窗口 |
| X | 使浮动对象沿 X 轴翻转 |
| Y | 使浮动对象沿 Y 轴翻转 |
| Ctrl + A | 选中全部对象 |
| Ctrl + X | 剪切选中对象 |
| Ctrl + C | 复制选中对象 |
| Ctrl + V | 粘贴已复制对象 |
| Ctrl + 鼠标左键选中对象 | 拖动对象 |
| Spacebar(空格键) | 90 度旋转浮动的对象 |
| Shift + Spacebar(空格键) | 当放置导线、总线、直线时，设置放置模式 |
| Delete | 删除选中对象 |
| Shift + C | 清除当前的过滤 |

在使用快捷键操作时有一点是要特别注意的，快捷键只有在输入法处于英文状态时才有效，如果使用过程中发现快捷键不起作用，首先应该检查输入法是否选择正确。

## 3.7 原理图报表

Protel DXP 2004 提供了生成各种电路原理图报表的功能，这些原理图报表存放了原理图的各种信息。例如，网络报表是原理图设计与 PCB 设计的接口，而元器件报表则整理出一个电路原理图或一个项目中的所有元器件，这些报表方便设计人员对电路进行校对、修改以及元器件的采买等工作。

### 3.7.1 网络表

网络表文件是原理图设计和 PCB 设计之间的接口。在 Protel DXP 2004 中，系统提供双向同步功能，原理图设计向 PCB 设计转换的过程中不需要人工生成网络表，系统自动创建网络表实现元器件和网络表的装载以及原理图设计的同步更新。但是网络表仍然是原理图设计和 PCB 设计之间的桥梁和纽带，因此有必要掌握网络表的组成和格式。

设计人员可以对一个原理图文件生成网络表，也可以对一个项目生成网络表。执行菜单命令【Design】→【Netlist for Document】→【Protel】为一个原理图文件生成网络表；执行菜单命令【Design】→【Netlist for Project】→【Protel】为一个项目生成网络表。无论是项目的网络表，还是原理图文件的网络表，它们的组成和格式是完全一样的，如图 3-62 所示。

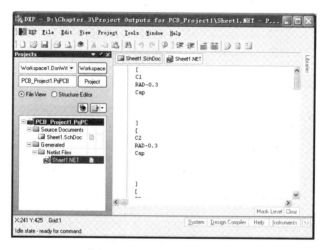

图 3-62　生成的网络表文件

网络表文件主要包括两部分：元件属性参数描述和元件的网络连接描述。

**1. 元件属性参数**

元件声明以"【"开始，以"】"结束，内部是元件的具体内容，例如：

| | |
|---|---|
| 〔 | 元件声明开始 |
| C1 | 元件序号 |
| RAD-0.3 | 元件封装 |
| Cap | 元件名称 |
| | 系统保留行 |
| 〕 | 元件声明结束 |

**2. 元件的网络连接**

元件的网络连接以"（"开始，以"）"结束，内部是一个网络中所有元件引脚连接的具体内容，例如：

| | |
|---|---|
| （ | 网络连接的开始 |
| NetC1_2 | 网络名称 |
| C1-2 | 第一个网络节点，元件名称-引脚标号 |

| U1-19 | 第二个网络节点，芯片 U1 的第 19 个引脚 |
| Y1-2 | 第三个网络节点，晶振 Y1 的第 2 个引脚 |
| ） | 网络连接的结束 |

### 3.7.2　元件清单报表

在原理图设计完成后，为了方便元件的采购就必须生成一个元器件清单报表。元件清单报表中主要包括元件的名称、封装、数量等。

下面以图 3-40 所示的电路原理图为例，生成该原理图的元件清单报表。

执行菜单命令【Reports】→【Bill of Materials】，弹出【Bill of Materials For Project】对话框。对话框中以一定次序列出了原理图设计项目中包含的所有元件，如图 3-63 所示。如果要显示元件的其他信息，勾选对话框左下角【Other Columns】区域中相应的复选框即可。

图 3-63　【Bill of Materials For Project】对话框

单击右下角的 Report... 按钮，可弹出【Report Preview】对话框，在此对话框中可以按比例放大缩小元件报表清单，进行预览，如图 3-64 所示。

图 3-64　预览元器件报表

单击【Report Preview】对话框中的  按钮，系统将弹出保存文件对话框，可以将该元器件列表文件以不同的类型保存到项目所在的目录下，如图 3-65 所示。

图 3-65　保存元器件列表

# 3.8 电路原理图设计实例

本节将通过一个电路原理图设计实例，使设计人员掌握电路原理图设计的整个过程。实例中将完成一个单片机系统电路原理图的设计，最终完成的电路原理图如图 3-66 所示。

图 3-66　单片机系统电路原理图

### 3.8.1 新建项目

首先在"D：\chapter3"目录下创建一个名为"单片机系统电路"的文件夹，然后启动Protel DXP 2004，进入Protel DXP设计系统。在Protel DXP设计系统的主界面上执行菜单命令【File】→【New】→【Project】→【PCB Project】，创建一个新的PCB项目，在弹出的【Projects】工作面板新建项目上单击鼠标右键，选择命令【Save Project】，将该项目更名为"单片机系统电路.PrjPCB"后保存到目录"D：\chapter3\单片机系统电路"中。

### 3.8.2 添加新的原理图文件

在Protel DXP 2004设计系统的主界面上执行菜单命令【File】→【New】→【Schematic】，系统自动在当前项目下新建一个新的原理图文件，与此同时，系统将启动原理图编辑器。

将新建的原理图文件更名为"单片机系统电路.SchDoc"后也保存在目录"D：\chapter3\单片机系统电路"中。

### 3.8.3 设置原理图图纸参数

新建原理图文件后，接下来的工作是设置原理图图纸参数。在当前原理图空白处单击鼠标右键，从弹出的右键菜单中选择【Options】→【Document Options】选项，即可打开【Document Options】对话框。

在【Document Options】对话框的【Units】选项卡中选择单位类型为"Imperial Unit System"（英制单位），英制单位的基本单位选择为"Dxp Defaults"，如图3-67所提示的，1 Dxp Defaults = 10mils。

图3-67 【Units】选项卡

在【Document Options】对话框的【Sheet Options】选项卡中修改原理图图纸参数，本例中，原理图栅格中的【Snap】栅格和【Visible】栅格的编辑框全部设置为5mil，设置图纸尺寸为A4，图纸方向为横向，如图3-68所示。

图 3-68 【Sheet Options】选项卡

### 3.8.4 放置元件

在原理图图纸参数设置完成后，接下来就进入到真正的电路原理图设计过程，即需要向图纸中放置各种电气对象。首先需要向原理图中放置构成电路原理图的核心对象——元件。

通常，电路由少数几个核心元件以及周边的附属元件组成，因此在绘制电路原理图时，应首先布置核心元件。本设计实例中，核心元件是名为"P89C52X2BN"和"MC74HC373N"的芯片，但是在系统默认加载的元件库中并没有这两个元件，因此需要查找并加载这两个元件所在的集成元件库，具体操作步骤如下。

1）单击工作区右侧的【Libraries】标签，打开【Libraries】工作面板。

2）单击【Libraries】工作面板上的 Search... 按钮，打开【Libraries Search】对话框，并在对话框上部的编辑框内输入"P89C52"，在【Scope】区域中选择【Librries on path】选项，同时要确保【Path】区域内的【Path】编辑框中输入的是 Protel DXP 系统元件库所在的默认路径，如图 3-69 所示。

图 3-69 【Libraries Search】对话框

3）设置完成后，单击【Libraries Search】对话框中的 Search... 按钮，开始搜索。搜索完毕，在【Libraries】工作面板上将显示所有与关键字"P89C52"相关的搜索结果，如图3-70所示。

4）从【Libraries】工作面板内显示的搜索结果列表中找出原理图中需要的元件"P89C52X2BN"，双击该元件的名称，会弹出一个如图3-71所示的对话框。该对话框提示设计人员，包含元件"P89C52X2BN"的集成元件库"Philips Microcontroller 8-Bit. IntLib"尚未被加载，并询问是否马上加载。

5）单击【Confirm】对话框中的 Yes 按钮，加载该集成元件库，此时元件"P89C52X2BN"出现在光标上，并随光标移动，根据该元件在原理图中的位置，即可将该元件放置在原理图之上。

6）用上述的方法搜索元件"MC74HC373N"，同样会弹出一个【Confirm】对话框询问是否加载集成元件库"Motorola Logic Latch. IntLib"，如图3-72所示，单击 Yes 按钮后加载该集成元件库，并将元件"MC74HC373N"放入到原理图编辑器工作区中的适当位置。

图3-70　搜索结果

图3-71　是否加载元件库对话框

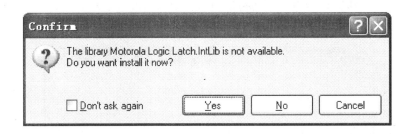

图3-72　【Confirm】对话框

7）两个核心元件放置到原理图的效果如图3-73所示。

在电路的两个核心元件放置完成之后，接下来放置周边的附属元件。本例中的附属元件包括电阻、电容、晶振等元件，这些元件都可以在系统自带库"Miscellaneous Devices. IntLib"库中找到。找到相应的元件后，根据给出的原理图，将它们放在原理图编辑器工作区中合适的位置，在放置的过程中修改元件的属性。元件全部放置后的效果如图3-74所示。

图 3-73　放置两个核心元件

图 3-74　元件全部放置完的电路原理图

## 3.8.5　放置其他电气对象

在电路原理图中所有的元件全部放置完成后，接下来需要为原理图放置其他的电气对象，包括放置输入/输出端口、电源以及电源地、导线、总线和总线入口、网络标签等电气对象。

**1. 放置输入/输出端口**

1）单击【Writing】工具栏中的  按钮后，光标上面会粘贴着一个端口，此时按下键盘上的【Tab】键，弹出如图3-75所示的端口属性对话框，在对话框中修改端口名称和方向，单击 OK 按钮完成设置。

图3-75 【Port Properties】对话框

2）按照上面的步骤设置其他端口，各端口参数如表3-2所示。

表3-2 端口参数

| Name | I/O Type | Name | I/O Type |
|---|---|---|---|
| P1.0 | Output | P1.1 | Output |
| P1.0 | Output | RXD | Bidirection |
| TXD | Bidirection | WE | Output |
| RD | Output | CE1 | Output |
| CE2 | Output | A[0..7] | Output |
| D[0..12] | | Bidirection | |

3）完成端口绘制的电路原理图如图3-76所示。

**2. 放置电源以及电源地**

适当调整元件位置，再分别单击【Writing】工具栏中的 $\frac{V_{CC}}{}$ 和 按钮后，在电路原理图上放置电源和电源地，放置后的效果如图3-77所示。

**3. 绘制总线、总线入口和导线**

1）绘制总线。单击【Writing】工具栏中的 按钮，进入绘制总线状态，此时按下键盘上的【Tab】键，弹出如图3-78所示的总线属性对话框，本例中保持系统默认设置。

2）在工作区中的合适位置上单击鼠标左键，然后绘制总线的工作，如果总线需要改变方向，则在拐角处单击左键后继续绘制即可，绘制完成后单击鼠标右键，总线绘制结束。绘制完总线的电路原理图如图3-79所示。

图 3-76 放置输入/输出端口后的原理图

图 3-77 放置电源和电源地后的原理图

3）绘制导线及放置总线入口。分别单击【Writing】工具栏中的 ⚡ 和 ⚓ 按钮，进入绘制导线和放置总线入口的状态，此时按下键盘上的【Tab】键，分别弹出如图 3-80 和图3-81 所示的导线属性和总线入口属性对话框，本例中保持系统默认设置。

4）与总线绘制方法相同，放置总线入口时，单击键盘上的【Space】键可以改变总线入口方向。总线、总线入口和导线全部放置完成后的效果如图3-82所示。

**4. 放置网络标签**

1）单击【Writing】工具栏中的 Net 按钮后，光标上面会粘贴着一个网络标签，此时按下键盘上的【Tab】键，弹出如图3-83所示的网络标签属性对话框，在对话框中修改网络标签名称，单击 OK 按钮完成设置。

图3-78 总线属性对话框

图3-79 绘制完总线的电路原理图

图3-80 导线属性对话框

图3-81 总线入口属性对话框

2）分别在总线和导线上放置网络标签，放置完网络标签的电路原理图如图3-84所示。至此，电路原理图绘制的工作结束。

## 3.8.6 元件注释

在原理图绘制完毕后，需要对所有的元件进行注释。其步骤如下。

1）执行菜单命令【Tools】→【Annotate】，弹出如图3-85所示的元件注释对话框，在对

图 3-82 绘制完总线、总线入口和导线的电路原理图

话框中进行设置，在【Order of Processing】区域中的编辑框中设置 "Down Then Across"，其余设置保持默认。

2）设置完成后，单击 Update Changes List 按钮，弹出【DXP Information】对话框，提示有 7 个元件需要注释，如图 3-86 所示。

3）单击 OK 按钮关闭该对话框，可以看到在【Annotate】对话框中的【Proposed Change List】区域给出了元件注释后的编号，如图 3-87 所示。

图 3-83 网络标签属性对话框

4）单击【Annotate】对话框中的 Accept Changes (Create ECO) 按钮，弹出【Engineering Change Order】对话框，单击 Validate Changes 按钮和 Execute Changes 按钮对变化进行检查并执行变化。

5）如图 3-88 所示，如果没有任何错误，关闭【Engineering Change Order】对话框回到【Annotate】对话框，在【Annotate】对话框中的【Proposed Change List】区域可以看到 7 个元件已经全部注释完成，如图 3-89 所示。

6）注释后的单片机系统电路原理图如图 3-90 所示。

### 3.8.7 电气规则检查

在上述电路原理图全部绘制工作完成后，就需要对原理图所在的项目进行编译及查错。

图 3-84　放置网络标签后的电路原理图

图 3-85　【Annotate】对话框

图 3-86　【DXP Information】对话框

| Current | | | Proposed | | Location of Part |
|---------|---|-----|----------|------|------------------|
| De... / | | Sub | Desi... | Sub | Schematic Sheet |
| ☐ C? | ☐ | | C1 | | 单片机系统电路.SchDoc |
| ☐ C? | ☐ | | C2 | | 单片机系统电路.SchDoc |
| ☐ C? | ☐ | | C3 | | 单片机系统电路.SchDoc |
| ☐ R? | ☐ | | R1 | | 单片机系统电路.SchDoc |
| ☐ U? | ☐ | | U1 | | 单片机系统电路.SchDoc |
| ☐ U? | ☐ | | U2 | | 单片机系统电路.SchDoc |
| ☐ Y? | ☐ | | Y1 | | 单片机系统电路.SchDoc |

图 3-87　元件被注释

图 3-88　【Engineering Change Order】对话框

在 Protel DXP 2004 原理图编辑器的主界面上执行菜单命令【Project】→【Compile PCB Project 单片机系统电路.PrjPCB】，执行项目的编译操作。编译项目后，在【Messages】工作面板上可以看到是否有错误或警告的信息，然后根据这些提示信息对原理图进行修改。编译后的【Messages】工作面板如图 3-91 所示。

| Current | | | Proposed | | Location of Part |
|---------|---|-----|----------|------|------------------|
| Designator / | | Sub | Design... | Sub | Schematic Sheet |
| ☐ C1 | ☐ | | C1 | | 单片机系统电路.SchDoc |
| ☐ C2 | ☐ | | C2 | | 单片机系统电路.SchDoc |
| ☐ C3 | ☐ | | C3 | | 单片机系统电路.SchDoc |
| ☐ R1 | ☐ | | R1 | | 单片机系统电路.SchDoc |
| ☐ U1 | ☐ | | U1 | | 单片机系统电路.SchDoc |
| ☐ U2 | ☐ | | U2 | | 单片机系统电路.SchDoc |
| ☐ Y1 | ☐ | | Y1 | | 单片机系统电路.SchDoc |

图 3-89　元件注释全部完成

本例中只有警告信息出现，主要是元件的端口在自定义时设置为双向类型，而在电路设计时，根据信号的实际流向，将与元件端口连接的输入/输出端口设为单向，由此系统提示警告。对这种错误，只要保证设计的正确性，可以不做修改。

## 3.8.8　原理图报表

在原理图设计、编译完成后，可以根据设计的要求创建各种报表，如网络表和元件清单报表等。

### 1. 网络表

执行菜单命令【Design】→【Netlist for Document】→【Protel】为原理图文件"单片机系统电路"生成网络表。该网络表文件自动保存在目录"D:\chapter3\单片机系统电路\Project Outputs for 单片机系统电路"中。与此同时，在【Projects】工作面板中的该项目下也显示出与项目同名的网络表文件"单片机系统电路.NET"，如图 3-92 所示。可以看到，在原理图网络表中显示的是原理图文件中包含的所有元件及电气连接。

图 3-90  注释后的单片机系统电路原理图

图 3-91  【Messages】工作面板

图 3-92  原理图文件的网络表

网络表文件"单片机系统电路 . NET"的详细信息如图 3-93 所示。

| | | | | |
|---|---|---|---|---|
| [ | | GND | U1-30 | ( |
| C1 | ] | C1-1 | U2-11 | D4 |
| RAD-0.3 | | C2-1 | ) | U1-35 |
| Cap | | R1-1 | ( | U2-13 |
| | | U1-20 | VCC | ) |
| | [ | U2-1 | C3-1 | ( |
| | U1 | U2-10 | U1-31 | D5 |
| ] | SOT129-1 | ) | U1-40 | U1-34 |
| [ | P89C52X2BN | | U2-20 | U2-14 |
| C2 | | ( | ) | ) |
| RAD-0.3 | | NetC1_2 | ( | ( |
| Cap | | C1-2 | D0 | D6 |
| | ] | U1-19 | U1-39 | U1-33 |
| | [ | Y1-2 | U2-3 | U2-17 |
| | U2 | ) | ) | ) |
| ] | 738-03 | ( | ( | ( |
| [ | MC74HC373N | NetC2_2 | D1 | D7 |
| C3 | | C2-2 | U1-38 | U1-32 |
| RB7.6-15 | | U1-18 | U2-4 | U2-18 |
| Cap Pol2 | | Y1-1 | ) | ) |
| | ] | ) | ( | |
| | [ | ( | D2 | |
| | Y1 | NetC3_2 | U1-37 | |
| ] | R38 | C3-2 | U2-7 | |
| [ | XTAL | R1-2 | ) | |
| R1 | | U1-9 | ( | |
| AXIAL-0.4 | | ) | D3 | |
| Res2 | | ( | U1-36 | |
| ] | | NetU1_30 | U2-8 | |
| ( | | | ) | |

图 3-93　网络表文件的详细信息

## 2. 元件清单报表

执行菜单命令【Reports】→【Bill of Material】，弹出【Bill of Material For Project】对话框，对话框中列出了原理图设计项目中包含的所有元件，如图 3-94 所示。

单击对话框右下角的 Report... 按钮，在弹出的【Report Preview】对话框中单击 Export... 按钮，系统将弹出保存文件对话框，如图 3-95 所示。

图 3-94 【Bill of Material For Project】对话框

图 3-95 保存元器件列表

将该元件列表以 PDF 文件的形式保存到项目所在的目录下，生成的 PDF 文件"单片机系统电路.pdf"的形式如图 3-96 所示。

**Report Generated From DXP**

| Description | Designator | Footprint | LibRef | Quantity |
|---|---|---|---|---|
| Capacitor | C1 | RAD-0.3 | Cap | 1 |
| Capacitor | C2 | RAD-0.3 | Cap | 1 |
| Polarized Capacitor (Axial) | C3 | RB7.6-15 | Cap Pol2 | 1 |
| Resistor | R1 | AXIAL-0.4 | Res2 | 1 |
| 80C51 8-Bit Flash Microcontroller Family, 8 ki | U1 | SOT129-1 | P89C52X2BN | 1 |
| Octal 3-State Non-Inverting Transparent Latcl | U2 | 738-03 | MC74HC373N | 1 |
| Crystal Oscillator | Y1 | R38 | XTAL | 1 |

图 3-96 保存为 PDF 文件的元器件列表

### 3.8.9 文件保存

在【Projects】工作面板中的当前项目上单击鼠标右键，将该项目和文件保存到指定目录"D：\chapter3\单片机系统电路"下。

# 3.9 思考与练习

1. 简述原理图编辑器【Wiring】工具栏中各个功能按钮的作用。

2. 总线和导线有什么区别，使用中应注意哪些事项？

3. 练习使用快捷键对元件进行旋转和翻转。

4. 在原理图中任意放置6个电阻，练习电阻元件的各种排列和对齐。

5. 练习在【Libraries】工作面板中移出当前加载的所有集成元件库，再练习使用【Libraries】工作面板加载集成元件库"Miscellaneous Devices.IntLib"和"Miscellaneous Connectors.IntLib"。

6. 练习建立一个名为"MyProject_3A.PrjPCB"的PCB项目，在项目下添加一个原理图文件"MySheet_3A.SchDoc"，按照图3-97给出的电路原理图绘制电路，要求使用群体编辑的功能，隐藏原理图中所有元器件的数值，绘制完成后进行电气规则检查，最后将项目和文件全部保存到目录"D：\Chapter3\MyProject"中。

图 3-97 电路原理图

7. 练习建立一个名为"MyProject_3B.PrjPCB"的PCB项目，在项目下添加一个原理图文件"MySheet_3B.SchDoc"，按照图3-98的电路原理图绘制电路，隐藏电阻、电容元件的注释，并进行电气规则检查，绘制完成后将项目和文件全部保存到目录"D：\Chapter3\MyProject"中，并要求将该原理图复制到Word文件中。

图 3-98 电路原理图

Protel DXP 2004原理图与PCB设计实用教程

8. 练习建立一个名为"MyProject_3C. PrjPCB"的 PCB 项目，在项目下添加一个原理图文件"MySheet_3C. SchDoc"，按照图 3-99 的电路原理图绘制电路，要求对元件进行自动注释，顺序为"Across Then Down"，绘制完成后进行电气规则检查，最后将项目和文件全部保存到目录"D：\Chapter3\MyProject"中。

图 3-99　电路原理图

9. 练习建立一个名为"MyProject_3D. PrjPCB"的 PCB 项目，在项目下添加一个原理图文件"MySheet_3D. SchDoc"，按照图 3-100 的电路原理图绘制电路，绘制完成后进行电气规则检查，要求输出该电路原理图的元件清单报表，最后将项目和文件全部保存到目录"D：\Chapter3\MyProject"中。

图 3-100　电路原理图

10. 练习建立一个名为"MyProject_3E. PrjPCB"的 PCB 项目，在项目下添加一个原理图文件"MySheet_3E. SchDoc"，按照图 3-101 给出的电路原理图绘制电路，绘制完成后进行电气规则检查，要求生成该电路原理图的网络报表，通过网络表观察元件之间的网络连接，最后将项目和文件全部保存到目录"D：\Chapter3\MyProject"中。

图 3-101　电路原理图

11. 练习建立一个名为"MyProject_3F. PrjPCB"的 PCB 项目，在项目下添加一个原理图文件"MySheet_3F. SchDoc"，按照图 3-102 给出的电路原理图绘制电路，绘制过程中要求使

图 3-102　电路原理图

用粘贴队列命令，绘制完成后进行电气规则检查，最后将项目和文件全部保存到目录"D：\Chapter3\MyProject"中。

本章要点

1. 原理图文件的创建。
2. 放置电气对象。
3. 原理图编辑的高级技巧。

第4章

# 层次原理图设计

层次原理图设计

层次电路原理图简介
层次原理图的设计方法
自顶向下的设计方法
自底向上的设计方法
层次原理图中的电气对象

层次原理图的设计步骤
自顶向下设计层次原理图
自底向上设计层次原理图
层次原理图的切换
由母图切换到子图
由子图切换到母图
层次原理图的报表
项目层次报表
网络表
元件清单报表

随着科学技术的发展，出现了越来越庞大、越来越复杂的电路原理图，如果这种原理图全部绘制在一张较大的图纸上，就会显得非常庞杂、臃肿，检测和修改起来也相当困难，而利用 Protel DXP 2004 的层次原理图设计，就可以很好地解决这个问题。

本章主要讲述层次原理图的基本知识、设计方法以及层次原理图之间的切换、生成网络表文件等内容，使设计人员对层次原理图有一个初步的认识，并能够设计出自己需要的层次原理图。层次化原理图是针对大型设计项目采取的最佳设计方式，Protel DXP 2004 支持原理图的层次化设计。

## 4.1 层次电路原理图简介

采用层次化设计之后，复杂的电路原理图按照某种标准划分为若干个功能模块，再把这些功能模块分别绘制在多张原理图纸上，这些图纸就被称为设计系统的子原理图。同时，这些子原理图由另外一张原理图来说明它们之间的联系，描述单张原理图之间关系的这张原理图就被称为设计系统的母原理图。各张子原理图与母原理图之间通过输入/输出端口建立起电气连接，这样就形成了设计系统的层次原理图。

### 4.1.1 层次原理图的设计方法

通常，层次原理图的设计有两种方法，它们分别是自顶向下的设计方法和自底向上的设计方法。其中，自顶向下的设计方法比较常用。

**1. 自顶向下设计层次原理图**

层次原理图的自顶向下设计方法是指按照电路的功能，将整个电路划分成不同功能的模块，这些电路模块在母图上以图纸符号（方块电路）的形式联系起来，然后由母图中的图纸符号生成子原理图。自顶向下方法的设计流程如图4-1所示。

**2. 自底向上设计层次原理图**

自底向上设计层次原理图是指由模块电路的子原理图在母图中生成图纸符号，再在母图中用导线或总线将图纸符号连接起来。因此在绘制层次原理图之前，要首先设计出模块电路的子原理图，设计流程如图4-2所示。

图4-1　自顶向下设计方法流程图

图4-2　自底向上设计方法流程图

### 4.1.2　层次原理图中的电气对象

#### 1. 层次原理图的构成

层次原理图有以下两大构成因素。

（1）母原理图

描述子原理图之间关系的母原理图。母原理图中包含代表子原理图的图纸符号和图纸入口，还包括建立起电气连接的导线和总线。

（2）子原理图

构成整个系统的单张原理图，即子原理图。子原理图中包含本模块的基本电器元器件及相关电气连接。

#### 2. 放置对象与输入/输出端口

在进行层次原理图设计时，设计人员除了使用层次原理图专有放置对象，即图纸符号和图纸入口之外，还会使用到联系子原理图和母原理图的输入/输出端口。

（1）图纸符号

图纸符号是母原理图中基本的放置对象，每一个图纸符号代表实现某一个具体功能的子原理图。

单击【Wiring】工具栏中的 █ 按钮，或者执行菜单命令【Place】→【Sheet Symbol】，系统将处于放置图纸符号的状态，此时光标上粘贴着一个图纸符号的轮廓。在原理图图纸的适当位置单击鼠标左键确定图纸符号的起始点，然后拉至合适大小再单击鼠标左键确定图纸符号的终点，这样就完成了一个图纸符号的放置。可以连续放置图纸符号，单击鼠标右键可取消放置图纸符号的操作。

在图纸符号放置完毕后，可以双击图纸符号，进行图纸符号属性的设置，即在【Sheet Symbol】对话框中修改其标号和名称，如图4-3所示。

【Sheet Symbol】对话框中主要包括两个区域。

对话框上方为图形设置区域，其主要功能如下。

【Location】编辑框：用来设置图纸符号左上角的横坐标和纵坐标。

图 4-3　【Sheet Symbol】对话框

【X-Size】、【Y-Size】编辑框：用来设置图纸符号的宽度和高度。

【Border Color】选择框：用来设置图纸符号的边框颜色，默认为棕色。

【Fill Color】选择框：用来设置图纸符号的填充颜色，默认为绿色。

【Border Width】选择栏：用来设置图纸符号的边框宽度。

【Draw Solid】复选框：用来设置是否填充该图纸符号。如果选中该复选框，图纸符号用指定的颜色进行填充；否则，不进行填充操作。

对话框下方为【Properties】区域，其主要功能如下。

【Designator】编辑框：用来设置图纸符号的标号。标号也可以是一个名称，如"单片机系统电路"，它的作用和元件的标号U1、C1相同。

【Filename】编辑框：用来设置图纸符号所代表的子原理图文件名称。

【Show Hidden Text Fields】复选框：用来设置是否显示隐藏的文本区域。如果选中该复选框，则在原理图中将显示隐藏的文本区域；否则，在原理图中将不显示隐藏的文本区域。

【Unique Id】编辑框：系统给定的图纸符号的唯一标号，无须修改。

（2）图纸入口

母原理图要与对应的子原理图建立相应的电气连接，就必然有相应的输入/输出端口。母原理图中的输入/输出端口为图纸入口。

单击【布线】工具栏中的 按钮，或者执行菜单命令【Place】→【Add Sheet Entry】，系统将处于放置图纸入口的命令状态，移动光标到需要放置图纸入口的图纸符号中，单击鼠标左键后光标上将粘贴着一个图纸入口轮廓，再次单击鼠标左键后即可放置一个图纸入口。图纸入口放置完成后，可以双击图纸入口，在弹出的【Sheet Entry】对话框中进行图纸入口属性的设置，如图4-4所示。

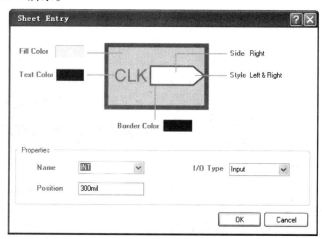

图4-4　【Sheet Entry】对话框

与图纸符号的属性对话框一样，图纸入口属性对话框也包括两大区域。

对话框上方为图形设置区域，其主要功能如下。

【File Color】选择框：用来设置图纸入口内部的填充颜色。

【Text Color】选择框：用来设置图纸入口名称的显示颜色。

【Border Color】选择框：用来设置图纸入口的边框颜色。

【Side】选择栏：用来设置图纸入口在图纸符号中的放置位置，共有4种。

【Style】选择栏：用来设置图纸入口的类型，共有8种。

对话框下方为【Properties】区域，其主要功能如下。

【Name】编辑框：用来设置图纸入口的名称。

【I/O Type】选择栏：用来设置图纸入口的类型，共有4种I/O口类型。

【Position】编辑框：用来设置图纸入口距顶部或左侧边界的距离。一般情况下，设计人员不需要设置该项，只需要在放置图纸入口时拖动鼠标即可。

（3）输入/输出端口

输入/输出端口也用于联系子原理图和母原理图。输入/输出端口放置在层次原理图中的子原理图中，与母原理图中的图纸入口是一一对应的关系。

在第3章中已经详细介绍过输入/输出端口的属性，这里只强调如图4-5所示的【Port Properties】对话框中最常用的设置项。

图4-5 【Port Properties】对话框

【Name】编辑框：用来设置输入/输出端口的名称。

【I/O Type】选择栏：用来设置输入/输出端口的类型，它将给系统的电气规则检测提供依据。端口类型共有4种：Unspecified（未定义端口）、Output（输出端口）、Input（输入端口）、Bidirectional（双向端口）。

##  层次原理图的设计步骤

本节使用层次原理图的两种设计方法，即自顶向下的方法和自底向上的方法对PCB项目"单片机应用电路"进行层次原理图设计，以求建立一个层次原理图设计的完整过程。

PCB项目"单片机应用电路"由一张母原理图和三张子原理图组成，母原理图命名为"单片机应用电路.SchDoc"，三张子原理图分别是"单片机系统电路.SchDoc"，"扩展存储器电路.SchDoc"以及"扩展显示及键盘电路.SchDoc"。

### 4.2.1 自顶向下设计层次原理图

采用自顶向下的方法设计层次原理图，先要根据"单片机应用电路"的功能，将整个电路划分成3个功能模块，形成3个图纸符号放置在母原理图上，如图4-6所示，每一个图纸符号分别对应一个子原理图。自顶向下设计方法的具体操作步骤如下。

1）建立项目和母原理图文件。执行菜单命令【File】→【New】→【PCB Project】建立一个名为"单片机应用电路.PrjPCB"的PCB项目，然后执行菜单命令【File】→【New】→【Schematic】，在该项目下建立一个名为"单片机应用电路.SchDoc"的原理图文件，将项目和文件都保存到目录"D：\chapter4\单片机应用电路"中，【Projects】工作面板显示出

图 4-6　层次原理图中的母原理图

项目的当前状态，如图 4-7 所示。

2）修改图纸符号属性。双击【Projects】工作面板上的原理图文件"单片机应用电路
. SchDoc"，进入原理图编辑器。单击【Wiring】工具栏中的　按钮，系统将处于放置图纸
符号的状态，此时光标上粘贴着一个图纸符号的轮廓。在图纸符号处于悬浮状态时按下
【Tab】键弹出图纸符号属性对话框来修改图纸符号的属性。在图纸符号属性对话框中勾选
【Draw Solid】复选框，在【Designator】编辑框中输入"单片机系统电路"，在【Filename】
编辑框中输入"单片机系统电路 .SchDoc"，其他各项保持系统默认值，如图 4-8 所示。设
置完毕，单击对话框中的　 OK 　按钮即可完成图纸符号属性的设置。

图 4-7　【Projects】工作面板显示
项目的当前状态

图 4-8　设置图纸符号属性对话框

3）放置图纸符号。移动光标到原理图图纸中的合适位置，
单击鼠标左键确定图纸符号的左上角顶点，然后拖动光标到合
适的位置，再单击鼠标左键确定图纸符号的右下角顶点，从而
完成一个图纸符号的放置工作，如图 4-9 所示。

4）重复上面的操作完成另外两个图纸符号的放置工作，
如图 4-10 所示。

5）放置图纸入口以及修改图纸入口属性。单击【Wiring】
工具栏中的　按钮，系统处于放置图纸入口的命令状态。移

单片机系统电路
单片机系统电路.SchDoc

图 4-9　单片机系统电路
图纸符号

扩展显示及键盘电路
扩展显示及键盘电路.SchDoc

扩展存储器电路
扩展存储器电路.SchDoc

图4-10 放置其他两个图纸符号

动光标到需要放置图纸入口的图纸符号"单片机系统电路"中，单击鼠标左键后光标上将
粘贴着一个图纸入口的轮廓。此时按下
【Tab】键弹出图纸入口属性对话框。在图
纸入口属性对话框的【Name】编辑框中输
入"D［0..7］"，在【I/O Type】下拉列
表框中选择"Bidirectional"，其他各项保持
系统默认值。设置完毕，单击对话框中的
OK 按钮即可完成图纸入口的属性设
置工作，如图4-11所示。

图4-11 【Sheet Entry】对话框

6）将图纸入口移动到图纸符号"单片
机系统电路"的右侧，单击鼠标左键即可
完成一个图纸入口的放置，如图4-12所示。

7）此时，系统仍处于放置图纸入口的命令状态下，重复相同的操作完成图纸符号"单
片机系统电路"中所有图纸入口的放置，如图4-13所示。

图4-12 放置一个图纸入口

图4-13 图纸入口全部放置完成

8）完成另外两个图纸符号的全部图纸入口放置，如图4-14所示。

9）连接图纸符号。最后需要根据电路的电气特性采用导线和总线将3个图纸符号连接
起来，其中采用总线连接图纸入口"A［0..12］"和"D［0..7］"，并在总线上放置网络标
号"A［0..12］"和"D［0..7］"，用导线连接其他的图纸入口，完成的母原理图如图4-15
所示。

10）在绘制好层次原理图中的母原理图后，接下来就可以分别绘制子原理图，以完成

图 4-14　放置图纸入口

图 4-15　母原理图

各个模块的具体电路图。

11）在图纸符号"单片机系统电路"上单击鼠标右键，弹出右键菜单，选择命令【Sheet Symbol Actions】→【Create Sheet From Symbol】，如图 4-16 所示。采用此操作来创建图纸符号"单片机系统电路"对应的子原理图。

图 4-16　生成子原理图的操作

12）执行命令【Sheet Symbol Actions】→【Create Sheet From Symbol】后，弹出如图 4-17 所示的【Confirm】对话框，询问是否在创建子原理图时将信号的 I/O 方向取反。如果选择【Yes】，那么创建的子原理图中的输入/输出端口的 I/O 特性将与对应图纸符号中的图纸入口全部相反，因此单击 No 按钮，表示信号的 I/O 方向不取反。

13）系统自动为图纸符号"单片机系统电路"生

图 4-17　【Confirm】对话框

成一个名为"单片机系统电路.SchDoc"的子原理图，并根据在图纸符号中放置的图纸入口，系统自动在该原理图中生成相应的输入/输出端口。系统自动创建的子原理图如图4-18所示。

图4-18　系统自动创建子原理图

14）重复同样的操作，生成子原理图"扩展存储器电路"和"扩展显示及键盘电路"，【Projects】工作面板显示出项目当前的状态，如图4-19所示。

图4-19　生成3个子原理图

15）加载相应的元件库，按照图4-20～图4-22所示，分别绘制子原理图"单片机系统电路.SchDoc"，"扩展存储器电路.SchDoc"以及"扩展显示及键盘电路.SchDoc"。

16）在上述步骤完成后，还需要对层次原理图进行编译。在【Projects】工作面板中的PCB项目"单片机应用电路.PrjPCB"上单击鼠标右键，从弹出的右键菜单中选择命令【Compile PCB Project 单片机应用电路.PrjPCB】后，在【Projects】工作面板中可以发现母

图 4-20　单片机系统电路原理图

图 4-21　扩展存储器电路原理图

原理图图标超前 3 个子原理图图标，形成树状结构，说明了母原理图包含子原理图的这种层次关系，如图 4-23 所示。

17）最后对项目和文件进行保存，保存到目录"D：\ chapter4 \ 单片机应用电路"中，

图 4-22　扩展显示及键盘电路原理图

自此完成整个自顶向下的层次原理图设计。

## 4.2.2　自底向上设计层次原理图

　　自底向上的层次原理图设计方法刚好与前面介绍的自顶向下设计层次原理图的设计方法相反，首先要绘制好子原理图，然后由子原理图生成图纸符号，从而产生母原理图。这样，由底而上，层层集中，最后完成母原理图的设计。

　　下面还是以 PCB 项目"单片机应用电路"为例介绍自底向上层次原理图设计方法的具

体操作步骤。

1）新建一个名为"单片机应用电路（自底向上）"的 PCB 项目，并为该项目添加原理图文件，包括层次原理图中的一个母原理图和三个子原理图，母原理图命名为"单片机应用电路 . SchDoc"，三个子原理图分别命名为"单片机系统电路 . SchDoc"，"扩展存储器电路 . SchDoc"以及"扩展显示及键盘电路 . SchDoc"，将项目和文件都保存到目录"D：\ chapter4 \ 单片机应用电路（自底向上）"中。【Projects】工作面板显示出项目当前的状态，如图 4-24 所示。

图 4-23　编译后形成树状结构

图 4-24　层次原理图所在的【Projects】工作面板

2）分别绘制子原理图，如图 4-20 ~ 图 4-22 所示。子原理图绘制完成后，就可以在母原理图中生成子原理图所对应的图纸符号。

3）在 Protel DXP 2004 编辑器中打开母原理图"单片机应用电路 . SchDoc"，执行菜单命令【Design】→【Creat Sheet Symbol From Sheet】，或在母原理图"单片机应用电路 . SchDoc"工作区上单击鼠标右键，在弹出的右键菜单中选择命令【Sheet Symbol Actions】→【Create Sheet From Symbol】后，都会弹出如图 4-25 所示的对话框。对话框中显示出 3 个子原理图的名称，选择任意一个子原理图都可以，比如选择子原理图"单片机系统电路 . SchDoc"，单击 OK 按钮弹出如图 4-26 所示的【Confirm】对话框。此对话框用来设置是否改变子原理图中输入/输出端口的 I/O 特性。

图 4-25　由子原理图生成母原理图对话框

图 4-26　【Confirm】对话框

4）单击 No 按钮确认不改变信号的输入/输出方向后，会在母原理图中生成一个图纸符号，如图 4-27 所示。采用同样的操作依次将 3 个子原理图全部生成图纸符号。可以看到，图纸符号的编号、对应的文件名以及端口都已经被系统设置好了。如果对系统生成的图纸符号图的形状或图纸入口的位置不满意，还可以手动进行修改。

图 4-27　生成一个图纸符号

5）最后用导线和总线连接母原理图中的 3 个图纸符号，并在总线上放置网络标号，如图 4-28 所示。

图 4-28　采用自底向上的设计方法生成的母原理图

6）在层次原理图的绘制过程中，无论是采用自顶而下的设计方法还是采用自底而上的设计方法，最终都要对项目进行编译，形成母原理图包含子原理图的关系。在【Projects】工作面板中的 PCB 项目"单片机应用电路（自底向上）.PrjPCB"上单击鼠标右键，从弹出的右键菜单中选择命令【Compile PCB Project 单片机应用电路（自底向上）.PrjPCB】后，在【Projects】工作面板中母原理图图标超前 3 个子原理图图标，形成树状结构，说明项目中原理图之间的层次关系，如图 4-29 所示。

7）保存项目和文件，完成整个自底向上的层次原理图设计过程。

## 4.2.3　层次原理图的切换

在系统比较复杂的时候，经常需要在层次原理图之间进行切换。层次原理图的切换指的是从母原理图切换到某个图纸符号对应的子原理图上，或者从某一个子原理图切换到母原理图上。

图 4-29　母原理图包含子原理图

### 1. 从母原理图切换到图纸符号对应的子原理图

1）在 Protel DXP 2004 编辑器中，单击打开层次原理图的母原理图。执行菜单命令

【Tools】→【Up/Down Hierarchy】，或者单击【Schematic Standard】工具栏中的按钮。此时系统处于母原理图和子原理图切换状态。

2）移动光标到母原理图中的图纸符号"单片机系统电路"上，单击鼠标左键，即可切换到子原理图"单片机系统电路.SchDoc"。切换到子原理图的效果如图4-30所示。

图4-30　由母原理图切换到子原理图的操作

**2. 从子原理图切换到母原理图**

1）在 Protel DXP 2004 编辑器中，打开层次原理图的子原理图"单片机系统电路.SchDoc"。

2）在子原理图"单片机系统电路.SchDoc"中执行【Tools】→【Up/Down Hierarchy】命令，或单击【Schematic Standard】工具栏中的按钮。此时系统处于切换状态，然后单击子原理图"单片机系统电路.SchDoc"中的任意一个输入/输出端口，如输入/输出端口"TXD"，即可切换到母原理图。切换到母原理图的效果如图4-31所示。

图4-31　由子原理图切换到母原理图

# 4.3 层次原理图的报表

在层次原理图设计完成后，也可以根据设计的要求创建各种报表，如项目层次报表、网络表和元件清单报表等。

## 4.3.1 项目层次报表

项目层次报表用来描述一个层次原理图的层次结构。下面以项目"单片机应用电路（自底向上）.PrjPCB"为例说明生成项目层次报表的方法。

首先打开项目"单片机应用电路（自底向上）.PrjPCB"以及项目下包含的原理图文件，并对项目进行编译。执行菜单命令【Reports】→【Report Project Hierarchy】，系统将生成该层次原理图的项目层次报表"单片机应用电路（自底向上）.REP"。该报表自动保存在"D：\ chapter4 \ 单片机应用电路（自底向上）\ Project Outputs for 单片机应用电路（自底向上）"中。与此同时，在【Projects】工作面板的该项目下也显示出与项目同名的项目层次报表。打开该报表文件，如图4-32所示，从报表中可以很明显地看出层次原理图的层次关系。

图4-32 项目层次报表

## 4.3.2 网络表

执行菜单命令【Design】→【Netlist for Project】→【Protel】，这时将会生成整个项目的报表——网络表，如图4-33所示。项目的网络表显示的是整个项目中所包含的元件及电气连接。

## 4.3.3 元件清单报表

执行菜单命令【Reports】→【Bill of Materials】，这时将会弹出如图4-34所示的对话框，显示元件清单报表。元件清单报表有助于后期PCB的制作和元件的购买。

图 4-33　项目的网络表

图 4-34　元件清单报表

## 4.4　思考与练习

1. 大型系统为什么要采用层次化设计？

2. 层次原理图由哪两个部分构成？层次原理图的设计主要有哪两种设计方法？

3. 如何在层次原理图中的母原理图和子原理图之间进行切换？

4. 如何由图纸符号生成子原理图中的 I/O 端口符号？

5. 如何由子原理图文件生成母原理图中的图纸符号？

6. 层次原理图设计的最后需要什么步骤？其作用是什么？

7. 建立一个名为"MyProject_4. PrjPCB"的 PCB 项目，要求利用层次原理图的设计方法，采用自下而上的设计方法对图 4-35 的电路进行设计。要求将该电路拆分为 3 个子原理图文件，3 个子原理图文件分别命名为"MCU.SchDoc"、"MAX232.SchDoc"和"Mic.SchDoc"，母原理图文件命名为"单片机局部电路.SchDoc"。电路绘制完成后进行电气规则检查，最后将项目和文件全部保存到目录"D：\ Chapter4 \ MyProject"中。

图 4-35 电路原理图

**本章要点**

1. 层次原理图的设计方法及相关操作。

2. 层次原理图之间的切换。

3. 各种报表的生成。

4. 层次原理图设计实例。

# 第5章

# 印制电路板设计基础

印制电路板设计基础
- 种类
  - 单面板
  - 双面板
  - 多层板
- 基本概念
  - 层
    - 信号层
    - 内电层
    - 机械层
    - 防护层
    - 丝印层
    - 其他层
      - 禁止布线层
      - 钻孔层
      - 多层
  - 铜膜导线
  - 过孔
  - 焊盘
  - 元件封装
  - 飞线
  - 安全间距
- 元件封装
  - 通孔直插式
  - 表面粘贴式
- PCB 组成
  - 元器件
  - 铜箔
  - 丝印层
  - 绝缘基板
- 制作过程
  - 下料
  - 丝网漏印
  - 腐蚀和去除印料
  - 孔加工
  - 助焊剂和阻焊漆
  - 印标注
  - 成品分割和检查测试
- 设计的基本流程

PCB 是英文 Printed Circuit Board 的缩写，译为印制电路板，简称电路板或 PCB。PCB 是用印制的方法制成导电线路和元件封装，它的主要功能是实现电子元器件的固定安装以及引脚之间的电气连接，从而实现电器的各种特定功能。制作正确、可靠、美观的 PCB 是电路板设计的最终目的。

本章介绍一些 PCB 的基础概念、常用元件封装以及 PCB 设计的流程等，为后几章的学习做好准备。

# 5.1 PCB 的种类

PCB 的种类可以根据元件导电层面的多少分为单面板、双面板、多层板 3 种。

### 1. 单面板

单面板所用的绝缘基板上只有一面覆铜，在这一覆铜面中包含有焊盘和铜箔导线，因此该面被称为焊接面；而另一面上只包含没有电气特性的元件型号和参数等，以便于元器件的安装、调试和维修，因此这一面被称为元件面。单面板由于只有一面覆铜，所以无须过孔，成本较低，但由于所有导线都集中在一个面中，很难满足复杂连接的布线要求，因此适用于线路简单、成本低廉、功能较为简单、电路板面积要求不高的场合。

图 5-1 所示为单面板。

### 2. 双面板

双面板绝缘基板的上、下两面均有覆铜层，都可制作铜箔导线。双面板底层和单面板作用相同，而在顶层上除了印制元件的型号和参数外，和底层一样也可以制作成铜箔导线，元件通常仍安装在顶层，因此顶层又被称为元件面，底层称为焊锡面。双面板的采用有效地解决了同一层面导线交叉的问题，而金属化过孔的采用又解决了不同层面导线的电气连接。与单面板相比，双面板极大地提高了电路板的元件密度和布线密度，可以适应高度复杂的电气连接的要求。双面板在目前应用最为广泛。

图 5-2 所示为双面板。

图 5-1 单面板

图 5-2 双面板

### 3. 多层板

对于比较复杂的 PCB，双面板已不能满足布线和电磁屏蔽要求，这时一般采用多层板设计。多层板结构复杂，它由电气导电层和绝缘材料层交替粘合而成，成本较高，导电层数目一般为偶数，层间的电气连接同样利用层间的金属化过孔实现。随着集成电路技术的不断发展，元件集成度越来越高，电路中元件连接关系越来越复杂，使多层板的应用越来越广泛。

# 5.2 PCB 设计的基本概念

本节将介绍一些在 PCB 设计中涉及的基本概念。理解相关 PCB 的概念有助于后续章节的学习。

## 5.2.1 PCB 的工作层面

PCB 的铜箔导线是在一层（或多层）敷着整面铜箔的绝缘基板上通过化学反应腐蚀出来的，元件标号和参数是制作完电路板后印刷上去的，因此在加工、印刷实际电路板过程中所需要的板面信息，在 Protel DXP 2004 的 PCB 编辑器中都有一个独立的层面（Layer）与之相对应，PCB 设计者通过层面（Layers）给 PCB 厂家提供制作该板所需的印制参数，因此理解层面对于设计 PCB 至关重要，只有充分理解各个板层的物理作用以及它和 Protel DXP 2004 中层面的对应关系，才能更好地利用 PCB 编辑器进行电路板设计。

Protel DXP 2004 提供了 74 个不同类型的工作层面，主要包括：32 个信号层（Signal Layers）、16 个内部电源/接地层（Internal Planes）、16 个机械层（Mechanical Layers）、4 个防护层（Masks Layers）、2 个丝印层（Silkscreen Layers）、4 个其他层（Other Layers）。

**1. 信号层**

信号层包括顶层、底层和中间信号层，共 32 层。

顶层（Top Layer）：主要用在双面板、多层板中制作顶层铜箔导线，在实际电路板中又称为元件面，元件引脚安插在本层面焊孔中，焊接在底面焊盘上。

底层（Bottom Layer）：又称为焊锡面，主要用于制作底层铜箔导线，它是单面板唯一的布线层，也是双面板和多面板的主要布线层。

中间信号层（Mid1~Mid14）：在一般电路板中较少采用，一般只有在 5 层以上较为复杂的电路板中才采用。

**2. 内部电源/接地层**

内部电源/接地层简称内电层主要用于放置电源/地线，Protel DXP PCB 编辑器可以支持 16 个内部电源/接地层。因为在各种电路中，电源和地线所接的元件引脚数是最多的，所以在多层板中，可充分利用内部电源/接地层将大量的接电源（或接地）的元件引脚通过元件焊盘或过孔直接与电源（或地线）相连，从而极大地减少顶层和底层电源/地线的连线长度。

**3. 机械层**

Protel DXP PCB 编辑器可以支持 16 个机械层。机械层没有电气特性，在实际电路板中也没有实际的对象与其对应，是 PCB 编辑器便于电路板厂家规划尺寸制板而设置，属于逻辑层（即在实际电路板中不存在实际的物理层与其相对应），主要为电路板厂家制作电路板时提供所需的加工尺寸信息，如电路板边框尺寸、固定孔、对准孔，以及大型元件或散热片的安装孔等尺寸标注信息。

**4. 防护层**

防护层包括2个阻焊层（Solder Mask Layer）和2个焊锡膏层（Paste Mask Layer），主要用于保护铜线以及防止元件被焊接到不正确的地方。

阻焊层主要为一些不需要焊锡的铜箔部分（如导线、填充区、覆铜区等）涂上一层阻焊漆（一般为绿色），用于阻止进行波峰焊接时，焊盘以外的导线、覆铜区粘上不必要的焊锡而设置，从而避免相邻导线波峰焊接时短路，还可防止电路板在恶劣的环境中长期使用时氧化腐蚀。因此它和信号层相对应出现，也分为顶部（Top Solder Mask）、底部（Bottom Solder Mask）两层。

焊锡膏层，有时也称做助焊层，用来提高焊盘的可焊性能，在PCB上比焊盘略大的各浅色圆斑即为所说的焊锡膏层。在进行波峰焊等焊接时，在焊盘上涂上助焊剂，可以提高PCB的焊接性能。

**5. 丝印层**

丝印层主要通过丝印的方式将元件的外形、序号、参数等说明性文字印制在元件面（或焊锡面），以便于在电路板装配过程中插件（即将元件插入焊盘孔中）、产品的调试、维修等。丝印层分为顶层（Top Overlayer）和底层（Bottom Overlayer），一般尽量使用顶层，只有维修率较高的电路板或底层装配有贴片元件的电路板中，才使用底层丝印层以便于维修人员查看电路（如电视机、显示器电路板等）。

**6. 其他层**

其他层包括1个禁止布线层（Keep Out Layer）、2个钻孔层（Drill Layers）和1个多层（Multi Layer）。

禁止布线层在实际电路板中也没有实际的层面对象与其对应，属于Protel DXP PCB编辑器的逻辑层，它起着规范信号层布线的目的，即在该层中绘制的对象（如导线），信号层的铜箔导线无法穿越，所以信号层的铜箔导线被限制在禁止布线层导线所围的区域内。该层主要用于定义电路板的边框，或定义电路板中不能有铜箔导线穿越的区域，如电路板中的挖空区域。

钻孔位置层（Drill Guide）用于标识PCB上钻孔的位置；钻孔绘图层（Drill Drawing）用于设定钻孔形状。

多层（Multi Layer）主要是为了设计人员编辑、绘图的方便，一般用于显示焊盘和过孔。

以上介绍的层面基本上都存在和实际电路板相对应的板面，在PCB设计过程中经常用到以上各层面的概念，因此务必理解清楚，有关层面的具体解释在以后章节中还会详细介绍。

## 5.2.2 铜膜导线

铜膜导线是覆铜板经过蚀刻后形成的铜膜布线，简称为导线。铜膜导线是电路板的实际走线，用于连接元件的各个焊盘，是PCB的重要组成部分。导线的主要属性是导线宽度，它取决于承载电流的大小和铜箔的厚度。

### 5.2.3 过孔

在 PCB 中，过孔的主要作用是用来连接不同板层间的导线。在工艺上，过孔的孔壁圆柱面上用化学沉积的方法镀上一层金属，用以连通中间各层需要连通的铜箔，而过孔的上下两面做成圆形焊盘形状。通常，过孔有 3 种类型，它们分别是从顶层到底层的穿透式过孔（通孔）、从顶层通到内层或从内层通到底层的盲过孔（盲孔）、内层间的深埋过孔（埋孔）。过孔的形状只有圆形，主要参数包括过孔尺寸和孔径尺寸。

### 5.2.4 焊盘

焊盘是在 PCB 上为了固定元件引脚，并使元件引脚和导线导通而加工的具有固定形状的铜膜。焊盘形状一般有圆形（Round）、方形（Rectangle）和八角形（Octagonal）3 种，一般用于固定穿孔安装式元件的焊盘有孔径尺寸和焊盘尺寸两个参数，表面粘贴式元件常采用方形焊盘。

### 5.2.5 元件封装

元器件封装是实际元器件焊接到 PCB 上时，在 PCB 上所显示的外形和焊盘位置关系，因此元器件封装是实际元器件在 PCB 上的外形和引脚分布关系图。纯粹的元件封装只是一个空间概念，没有具体的电气意义。

元器件封装的两个要素是外形和焊盘。制作元器件封装时必须严格按照实际元器件的尺寸和焊盘间距来制作，否则装配 PCB 时有可能因焊盘间距不正确而导致元器件不能装到电路板上，或者因为外形尺寸不正确，而使元器件之间发生干涉。

### 5.2.6 飞线

飞线有以下两重含义：

1）在 PCB 设计系统中导入元件之后，在自动布线之前，元件的相应引脚之间出现供观察用的类似橡皮筋的灰色网络连接线，这些灰色连线是系统根据规则自动生成的、用来指引布线的一种连线，一般俗称为飞线。

2）有些厂商在设计 PCB 的布线时，由于技术实力原因往往会导致最后的 PCB 存在不足的地方。这时需要采用人工修补的方法来解决问题，就是用导线连通一些电气网络，有时候也称这种导线为"飞线"，这就是飞线的第二重含义。

**注意：** PCB 设计中的飞线与铜膜导线有着本质的区别。飞线只是一种形式上的连线，它只是形式上表示出各个焊点之间的连接关系，没有实际电气的连接意义；而铜膜导线则是根据飞线指示的焊点间连接关系布置的具有电气连接意义的连接线路。

### 5.2.7 安全间距

在设计 PCB 的过程中，设计人员为了避免或者减小导线、过孔、焊盘以及元件之间的相互干扰现象，需要在这些对象之间留出适当的距离，这个距离一般称为安全间距。

## 5.3 常用元件封装

### 5.3.1 元件封装的分类

按照元件安装方式，元件封装可以分为通孔直插式封装和表面粘贴式封装两大类。

通孔直插式元件及元件封装如图 5-3 所示。通孔直插式元件焊接时先要将元件引脚插入焊盘通孔中，然后再焊锡。由于焊点导孔贯穿整个电路板，所以其焊盘中心必须有通孔，焊盘至少占用两层电路板，因此通孔直插式元件焊盘属性对话框中，Layer（层）的属性必须为"Multi Layer"。

表面粘贴式元件及元件封装如图 5-4 所示。此类封装的焊盘没有导通孔，焊盘与元件在同一层面，元件直接贴在焊盘上焊接。所以表面安装式封装的焊盘只限于 PCB 表面板层，即顶层或底层。因此表面粘贴式元件焊盘属性对话框中，Layer（层）的属性必须为单一板层，例如"Top Layer"或"Bottom Layer"。

图 5-3 通孔直插式元件及元件封装

图 5-4 表面粘贴式元件及元件封装

### 5.3.2 常用元件封装介绍

根据元件的不同封装，本节将封装分成两大类：一类为分立元件的封装；另一类为集成电路元件的封装。下面介绍几种最基本、最常用的封装形式。

**1. 分立元件的封装**

（1）电容

电容分普通电容和贴片电容。

普通电容又分为极性电容和无极性电容。

极性电容（如电解电容）根据容量和耐压的不同，体积差别很大，如图 5-5 所示。极性电容封装编号为 RB * - *，如 RB5-10.5，其中数字"5"表示焊盘间距，而数字"10.5"表示电解电容的外形直径，单位是 mm。

图 5-5 电解电容元件、原理图符号和元件封装

无极性电容根据容量不同，体积外形也差别较大，如图5-6所示。无极性电容封装编号为 RAD-∗，如 RAD-0.1，其中数字"0.1"代表焊盘间距，单位是 inch。

图5-6 无极性电容元件、原理图符号和元件封装

贴片电容的外形如图5-7所示，它们的体积与传统的直插式电容比较而言非常细小，有的只有芝麻粒般大小，已经没有元件引脚，两端白色的金属端直接通过锡膏与电路板的表面焊盘相接。贴片电容封装编号为 CC∗∗-∗，如 CC2012-0805，其中"-"后面的数字"0805"分成两部分，前面"08"是表示焊盘间距，后面"05"表示焊盘的宽度，两者的单位都是 10mil，"-"前面的数字"2012"是与"0805"相对应的公制尺寸，单位为 mm。

（2）电阻

电阻分普通电阻和贴片电阻。

普通电阻是电路中使用最多的元件之一，如图5-8所示。根据功率不同，电阻体积差别很大，普通电阻封装编号为 AXIAL-∗，如 AXIAL-0.4，其中数字"0.4"代表焊盘间距，单位为 inch。

图5-7 贴片电容元件及元件封装          图5-8 普通电阻元件、原理图符号和封装

贴片电阻和贴片电容在外形上非常相似，所以它们可以采用相同的封装，贴片电阻的外形如图 5-9 所示。贴片电阻封装编号为 R∗-∗，如 R2012-0805，其含义和贴片电容的含义基本相同。

（3）二极管

二极管分普通二极管和贴片二极管。

图5-9 贴片电阻元件及元件封装

普通二极管根据功率不同，体积和外形也差别很大，常用的封装如图5-10所示。以封装编号为 DIO∗-∗×∗ 为例，如 DIO7.1-3.9×1.9，其中数字"7.1"表示焊盘间距，而数字"3.9×1.9"表示二极管的外形，单位是 mm。注意二极管为有极性器件，封装外形上画有短线的一端代表负端，和实物二极管外壳上表示负端的白色或银色色环相对应。

贴片二极管可用贴片电容的封装套用。

（4）晶体管

图 5-10  普通二极管、普通二极管的原理图符号和封装

晶体管分普通晶体管和贴片晶体管。

普通晶体管根据功率不同，体积和外形差别较大，常用的封装如图 5-11 所示，以封装编号为 "BCY-W＊/E＊" 为例，如 "BCY-W3/E4"。

图 5-11  普通晶体管、原理图符号和封装

贴片晶体管封装如图 5-12 所示，以封装编号为 "SO-G＊/C＊" 为例，如 "SO-G3/C2.5"。

（5）电位器

电位器即可调电阻，在电阻参数需要调节的电器中广泛采用，根据材料和精度不同，在体积外形上也差别很大，如图 5-13 所示。常用的封装为 VR 系列，从 VR2 ~ VR5，这里后缀的数字也只是表示外形的不同，而没有实际尺寸的含义，其中 VR5 一般为精密电位器封装。

图 5-12  贴片晶体管及封装

（6）单排直插元件

单排直插元件如用于不同电路板之间电信号连接的单排插座，单排集成块等。一般在原理图库元件中单排插座的常用名称为 "Header" 系列，其常用的封装一般采用 "HDR" 系列。图 5-14 所示为封装 HDR1 ×9。

图 5-13  电位器、原理图符号和元件封装

其他分立封装元件大部分在 "Miscellaneous Devices. IntLib" 库中，这里不再具体说明，但必须熟悉各个元件的命名，这样在调用时就一目了然了。

图 5-14    单排直插元件及元件封装

**2. 集成电路元件的封装**

（1）DIP 封装

DIP（Dual In-line Package）封装，即双列直插式封装。其元件外形和封装如图 5-15 所示。这种封装的外形呈长方形，引脚从封装两侧引出，引脚数量少，一般不超过 100 个，绝大多数中小规模集成电路芯片（IC）均采用这种封装形式。DIP 封装编号为"DIP *"，如"DIP14"，其后缀数字表示引脚数目。

图 5-15    DIP 元件及元件封装

（2）PLCC 封装

PLCC（Plastic Leaded Chip Carrier）封装，即塑料有引线芯片载体封装。其元件外形和封装如图 5-16 所示，引脚从封装的 4 个侧面引出，引脚向芯片底部弯曲，呈 J 字形。J 形引脚不易变形，但焊接后的外观检查较为困难。

图 5-16    PLCC 元件及元件封装

（3）SOP 封装

SOP（Small Outline Package）封装，即小外形封装。其元件外形和封装如图 5-17 所示，引脚从封装两侧引出呈海鸥翼状（L 形），它是最普及的表面贴片封装。

图 5-17    SOP 元件及元件封装

（4）PQFP 封装

PQFP（Plastic Quad Flat Package）封装，即塑料方形扁平式封装。元件外形和封装图如图 5-18 所示。该封装的元件 4 边都有引脚，引脚向外张开。该封装在大规模或超大规模集成电路封装中经常被采用，因为它四周都有引脚，所以引脚数目较多，而且引脚距离也很短。

图 5-18　PQFP 元件及元件封装

（5）BGA 封装

BGA（Ball Grid Array）封装，即球状栅格阵列封装。元件外形和封装如图 5-19 所示。该封装表面无引脚，其引脚成球状矩阵式排列于元件底部。该封装引脚数多，集成度高。

图 5-19　BGA 元件及元件封装

（6）PGA 封装

PGA（Pin Grid Array）封装，即引脚网格阵列封装。元件外形和封装图如图 5-20 所示。该封装结构和 BGA 封装很相似，不同的是其引脚引出元件底部并矩阵式排列，它是目前 CPU 的主要封装形式。

图 5-20　PGA 元件外形和封装图

## 5.4　PCB 的基本组成

PCB 是包含一系列元件，由 PCB 材料支撑，通过 PCB 材料中的铜箔层进行电气连接的电路板，在电路板表面上还有对 PCB 起注释作用的丝印层。

一般来说，PCB 包括以下 4 个基本组成部分：

元器件：用于实现电路功能的各种元器件，如芯片、电阻、电容等。每一个元件都包含若干引脚。通过这些引脚，电信号被引入元件内部进行处理，从而完成相应的功能。

铜箔：在电路板上表现为导线、焊盘、过孔和覆铜等。为了实现元件的安装和引脚连接，必须在电路板上按元件引脚的距离和大小钻孔，同时还必须在钻孔的周围留出焊接引脚的焊盘，为了实现元件引脚的电气连接，在有电气连接引脚的焊盘之间还必须覆盖一层导电能力较强的铜箔膜导线。同时，为了防止铜箔膜导线在长期的恶劣环境中使用而氧化，减少焊接、调试时短路的可能性，在铜箔导线上还要涂抹一层绿色阻焊漆。

丝印层：采用绝缘材料制成，可以在丝印层上标注文字以及对电路板上的元件进行注释。

绝缘基板：采用绝缘材料制成，用于支撑整个电路板。

图 5-21 所示为 PCB 样板。

图 5-21　PCB 样板

## 5.5　PCB 的制作过程

PCB 的制作过程包括下料、丝网漏印、腐蚀和去除印料、孔加工等一系列步骤，如图5-22 所示。本节中以一个单面板制作为例，简单介绍 PCB 的制作过程。

1）下料。一般是指选取材料、厚度合适，整个表面铺有较薄铜箔的整张基板。

2）丝网漏印。为了制作元件引脚间相连的铜箔导线，必须将多余的铜箔部分利用化学反应腐蚀掉，而使铜箔导线在化学反应的过程中保留下来，所以必须在腐蚀前将元件引脚间相连的铜箔导线利用特殊材料印制到铺有较薄铜箔的整张基板上。该特殊材料可以保证其下面的铜箔与腐蚀液隔离。将特殊材料印制到基板上的过程就是丝网漏印。

图 5-22　PCB 的制作流程

3）腐蚀和去除印料。将丝网漏印后的基板放置在腐蚀化学液中，将裸露出来的多余铜箔腐蚀掉，接下来再利用化学溶液将保留下来铜箔上的特殊材料清洗掉。以上步骤就制作出了裸露的铜箔导线。

4）孔加工。为了实现元件的安装，还必须为元件的引脚提供安装孔。利用数控机床在基板上钻孔。对于双面板而言，为了实现上下层导线的互连，还必须制作过孔。过孔的制作较为复杂，钻孔后还必须在过孔中电镀上一层导电金属膜，该过程就是孔加工。

5）助焊剂和阻焊漆。经过以上步骤，电路板已经初步制作完成，但为了更好的装配元件和提高可靠性，还必须在元件的焊盘上涂抹一层助焊剂。该助焊剂有利用焊盘与元件引脚的焊接。而在焊接过程中为了避免和附近其他导线短接的可能性，还必须在铜箔导线上涂上一层绿色的阻焊漆，同时阻焊漆还可保护其下部的铜箔导线在长期恶劣的工作环境中被氧化腐蚀。

6）印标注。为了元件装配和维修的过程中识别元件，还必须在电路板上印上元件的编号以及其他必要的标注。

7）成品分割和检查测试。将整张制作完成的电路板分割为小的成品电路板。最后还要对电路板进行检查测试。

## 5.6　PCB 设计的基本流程

对于初次接触 PCB 的设计人员而言，往往不知道 PCB 设计应当从哪里开始，都有哪些步骤，因此在进行 PCB 设计之前，设计人员有必要了解 PCB 设计的基本流程。PCB 设计的基本流程大致可以分为以下几个步骤，流程图如图 5-23 所示。

（1）设计电路原理图

电路原理图的设计是进行 PCB 设计的先期准备工作，是绘制 PCB 的基础步骤。

（2）启动 Protel DXP 2004 的 PCB 编辑器

设计人员通过新建或者打开 PCB 文件来启动 PCB 编辑器，只有进入到了 Protel DXP 2004 的 PCB 编辑器中，设计人员才能够开始进行 PCB 设计。

（3）PCB 设计的基本设置

在 PCB 的设计过程中，基本设置主要包括 3 个方面的设置，它们分别是工作层面的设置、环境参数的设置和电路板的规划设置。

工作层面的设置时在图层堆栈管理器内，根据设计人员的需要，将 PCB 设计成单面板、双面板和多层板 3 种。

设计人员根据自己的习惯去设置环境参数，包括栅格的大小，光标捕捉区域的大小、工作层面颜色等，对初学者来说大多数参数都可以采用系统默认值。

规划电路板是指在进行具体的 PCB 设计之前，设计人员要根据设计要求来设置电路板的外形、尺寸、禁止布线边界、安装方式等。

（4）装入网络表和元件封装

PCB 编辑器只有载入网络表和元件封装之后才能开始绘制电路板。网络表是联系原理图编辑器和 PCB 编辑器的桥梁和纽带。电路板的自动布线是根据网络表来进行。

须要注意的是，在原理图设计的过程中，ERC 检查不会涉及元器件的封装问题。因此，在对原理图设计时，元器件的封装很可能被遗忘，在引进网络表时可以根据设计情况来修改或补充元器件的封装。

（5）元件布局

元件布局应该从 PCB 的机械结构、散热性、抗电磁干扰能力以及布线的方便性等方面进行综合考虑。元件布局的基本原则是先布局与机械尺寸有关的元件，然后是电路系统的核心元件和规模较大的元件，最后再布局电路板的外围小的元器件。

（6）自动布线

Protel DXP 2004 在 PCB 的自动布线上引入了人工智能技术，设计人员只需要在自动布线之前进行简单的布线参数和布线规则设置，自动布线器就会根据设计人员的具体设置选取最佳的自动布线策略来完成 PCB 的自动布线。

（7）手动调整

虽然自动布线具有极大的优越性并且布通率接近于 100%，但在某些情况下自动布线还是难以满足 PCB 设计的要求。这时，设计人员就需要采取手工调整，以满足设计需求，如某些绕得太多的线重新设置、消除部分不必要的过孔等，从而优化 PCB 的设计效果。

（8）PCB 的 DRC 检查

完成 PCB 的自动布线后，设计人员还需要对 PCB 的正确性进行检查。Protel DXP 2004 设计系统为设计人员提供了功能十分强大的设计规则检查（Design Rule Check，DRC）功能。通过 DRC 检查，设计人员可以检查所设计的 PCB 是否满足先前所设定的布线要求，从而能够使得设计人员快速修改 PCB 设计中出现的问题。

（9）文件存储及打印

PCB 设计完成后，设计人员需要对 PCB 设计过程中产生的各种文件和报表进行存储和输出打印，以便对设计项目进行存档。

设计电路原理图 → 启动Protel DXP的PCB编辑器 → PCB设计的基本设置 → 装入网络表和元件封装 → 元件布局 → 自动布线 → 手动调整 → PCB的DRC检查 → 文件存储及打印 → 送交制板商

图 5-23　PCB 的设计流程

（10）送交制板商

设计人员还应该将 PCB 图导出，用来送交给制造商来制作所需要的 PCB，应当注明板的材料、厚度、数量和加工时有特殊要求的地方。

# 5.7 思考与练习

1. 单面板、双面板和多层板各有什么特点？
2. PCB 包括哪些类型的工作层面？
3. 过孔一般分为哪几种类型？
4. 按照元件安装方式，元件封装分哪几类？
5. PCB 通常由哪几部分组成？
6. 简述 PCB 设计的基本流程？

## 本章要点

1. PCB 设计中的基本概念。
2. 常用元器件封装。
3. PCB 的种类及基本组成。
4. PCB 的设计流程。

第6章

# PCB设计基础操作

编辑器
- PCB 编辑器界面
- PCB 工作面板

电路板的规划设置
- 板层和颜色设置
- 规划 PCB 的物理边界
- 规划 PCB 的电气边界

工作参数的设置
- 图纸参数设置
- PCB 优先选项

视图操作
- 工作区的缩放
- 刷新 PCB 图
- PCB 图纸栅格的设置
- 飞线显示

PCB 设计
基础操作

设计的基本操作
- 创建 PCB 文件
- 导入元件和网络表

放置工具

方法
- 利用配线工具栏进行放置
- 利用菜单命令进行放置
- 利用菜单选项快捷键进行放置

对象
- 导线
- 焊盘
- 过孔
- 元件封装
- 矩形填充

布线
- 自动布线
- 手动布线
- 取消布线

本章主要介绍 PCB 设计的基本操作，包括 PCB 编辑器的相关介绍、PCB 文件的建立、PCB 主要工具的放置以及布线的方法，熟练掌握这些基本操作为下一章的学习做好准备。

# 6.1 PCB 编辑器

与新建一个原理图文件的操作完全相同，设计人员可以通过使用菜单命令新建一个 PCB 文件，即执行菜单命令【File】→【New】→【PCB】来创建一个新的 PCB 文件。新建一个 PCB 文件即可打开 PCB 编辑器。熟练使用 PCB 编辑器对设计人员能否顺利完成 PCB 的设计尤为重要。设计人员创建 PCB 文件后，系统将自动进入如图 6-1 所示的 PCB 编辑器界面。

图 6-1 PCB 编辑器的界面

## 6.1.1 PCB 编辑器界面

PCB 编辑器的工作界面在整体布局上与原理图编辑器的界面布局完全类似，还是由菜单栏、工具栏、工作区和各种管理工作面板、命令状态栏以及面板控制区组成，只是相应区域的功能有所不同。

### 1. 菜单栏

Protel 的 PCB 编辑器的主菜单包括 11 个菜单项，如图 6-2 所示。该菜单中包括了与 PCB 设计有关的所有操作命令。

图 6-2 PCB 编辑器界面中的主菜单

【File】菜单：用于文件的打开、关闭、保存、打印及输出等操作。

【Edit】菜单：用于对象的选择、复制、粘贴、移动、排列和查找等操作。

【View】菜单：用于画面的各种操作，如工作窗口的放大和缩小、各种面板、工作栏、状态栏的显示和隐藏等。

【Project】菜单：用于与项目有关的各种操作，如编译文件和项目，创建、删除和关闭文件等操作。

【Place】菜单：用于在PCB设计中放置各种对象。

【Design】菜单：用于导入网络表及元器件封装、设置PCB设计规则、PCB层颜色和对象类的设置。

【Tools】菜单：为PCB设计提供各项工具，如DRC、元件布局等。

【Auto Route】菜单：与PCB自动布线相关的操作。

【Reports】菜单：用于生成PCB设计报表以及PCB中的测量等。

【Window】菜单：对窗口进行平铺和控制的操作。

【Help】菜单：提供帮助。

**2. 工具栏**

PCB编辑器的工具栏包括【Standard】、【Navigation】、【Filter】、【Wiring】、【Utilities】5个工具栏，如图6-3 ~ 图6-7所示，可以根据需要选择显示或隐藏这些工具栏。

【Standard】工具栏：该工具栏中大部分的工具按钮与原理图标准工具栏功能相同，包括对文件的操作、对视图的操作等。

图6-3 【Standard】工具栏

【Navigation】工具栏：该工具栏指示文件所在的路径，支持文件之间的跳转及转至主页等操作。

图6-4 【Navigation】工具栏

【Filter】工具栏：该工具栏用于设置屏蔽选项，在【Filter】工具栏中的编辑框下选择屏蔽条件后，PCB工作区只显示满足用户需求的对象，如某一个网络或元件等。

图6-5 【Filter】工具栏

【Wiring】工具栏：该工具栏主要提供在PCB编辑环境中一般电气对象的放置操作按钮，如放置铜膜导线、焊盘、过孔、PCB元件封装等电气对象。

配线工具栏中各个按钮的功能如下：

按钮用于放置导线；按钮用于放置焊盘；按钮用于放置过孔；按钮用于放置圆弧；按钮用于放置填充；按钮用于放置铜区域；按钮用于放置覆铜；按钮用于放置PCB元件封装。

【Utilities】工具栏：该工具栏中的工具按钮用于在PCB编辑环境中绘制不具有电气意义

的非电气对象，如绘制直线、圆弧、坐标、标准尺寸等。

图 6-6　【Wiring】工具栏

图 6-7　【Utilities】工具栏

【Utilities】工具栏中各个按钮的功能如下：

单击绘图按钮，弹出如图 6-8 所示的工具栏，该工具栏中的按钮用于绘制直线、圆弧等非电气对象。

与绘图按钮的操作完全相同，依次单击其他按钮同样可以弹出具有不同功能的工具栏，如图 6-9～图 6-13 所示。其中，对齐按钮用于对齐选择的对象；查找按钮用于查找元件或者元件组；标注按钮用于标注 PCB 图中的尺寸；Room 按钮用于在 PCB 图中绘制各种分区；栅格按钮用于设置 PCB 图中的对齐栅格的大小。

图 6-8　展开绘图按钮

图 6-9　展开对齐按钮

图 6-10　展开查找按钮

图 6-11　展开标注按钮

图 6-12　展开 Room 按钮

图 6-13　展开栅格按钮

## 6.1.2　PCB 工作面板

在 Protel DXP 2004 的各个编辑器中都提供了一些有助于管理的工作面板，PCB 编辑器同样也提供了丰富的工作面板，例如【Filter】工作面板、【List】工作面板、【Inspector】工作面板和【PCB】工作面板等。

其中【PCB】工作面板是 PCB 设计中最为经常使用的工作面板。通过【PCB】工作面板可以观察到电路板上所有对象的信息，还可以对元件、网络等对象的属性直接进行编辑。

对【PCB】工作面板的熟练操作有益于提高设计工作效率。

单击 PCB 编辑器右下角工作面板区的【PCB】标签，选择其中的【PCB】选项，如图 6-14 所示，此时会弹出如图 6-15 所示的【PCB】工作面板。

在【PCB】工作面板中包括 6 个区域：对象选择区域、命令选择区域、对象分类区域、对象浏览区域、对象描述区域以及 PCB 浏览窗口。

图 6-14　选择【PCB】选项　　　　　　图 6-15　【PCB】工作面板

（1）对象选择区域

对象选择区域列出 PCB 文件中所有对象的分类情况，如图 6-16 所示。其中的【Nets】、【Components】、【Rules】、【From-To Editor】、【Split Plane Editor】选项分别表示查看该 PCB 文件中所有的网络、元件、规则、焊点位置、Plane 编辑项。

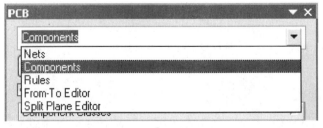

图 6-16　对象选择区域

（2）命令选择区域

命令选择区域要求选择被查找对象的显示方式。系统提供了以下几种选择方式，如图 6-17 所示。

【Mask】选项：勾选此选项，选中的对象将高亮，未选中的对象被屏蔽。

【Select】选项：勾选此选项，选中的对象处于被选择状态。

【Zoom】选项：勾选此选项，选中对象以适合的大小出现在窗口中。

【Clear Existing】选项：不勾选此选项，上次操作将不会被取消。

图6-17 命令选择区域

（3）对象分类区域

对象分类区域列出了该 PCB 文件中的所有对象类，如图 6-18 所示。在此区域中，系统提供了以下两个操作。

1）查看对象类中包含的元件在 PCB 文件中的位置。在对象列表栏单击选中需

图6-18 对象分类区域

要查看的对象类，系统将自动跳转窗口，显示该对象类的所有元件。

2）查看对象类属性。直接双击对象类的名称，系统自动弹出对象类的属性设置对话框，在此对话框中设计人员可以修改对象类的属性。

（4）对象浏览区域

对象浏览区域列出了该 PCB 文件中某个对象类中所包含的元件，如图 6-19 所示。在此区域中，系统也提供了两种操作。

1）定位元件。在对象浏览区域中单击选中需要查看的元件，系统将自动跳转窗口，显示该元件所在的位置。

2）查看元件的基本属性。双击某个元件也可以显示该元件的属性设置对话框。在该对话框中设计人员可以直接修改元件的属性。

（5）对象描述区域

对象描述区域列出了在对象浏览区域中被选元件包含的所有组件，如图 6-20 所示。在此区域中，系统提供了与对象浏览区域功能完全相同的操作。

图6-19 对象浏览区域　　　　　　　图6-20 对象描述区域

（6）PCB 浏览窗口

PCB 浏览窗口便于设计人员快速查看、定位 PCB 文件工作区中的对象，如图 6-21 所示。该窗口提供两种操作。

1）单击【PCB】工作面板上的 Apply 按钮，系统将定位到对象分类区域、对象浏览区域或对象描述区域中被选中的对象上。

2）调整 PCB 浏览窗口中的白色方框的大小可以缩放 PCB 的观察范围。同时，如果移

图 6-21　PCB 浏览窗口

动光标到 PCB 浏览窗口中的白色方框，光标将呈十字形。此时拖动白色方框，可以观察 PCB 的局部细节。

在本节对【PCB】工作面板的介绍中，是以对象选择区域选择【Components】为例的，对其他的对象选择区域选择项的操作基本是大同小异，本节不再详细描述。对于【PCB】工作面板，建议设计人员熟练掌握，以提高制板的效率。

## 6.2　电路板的规划设置

### 6.2.1　板层和颜色设置

Protel DXP 2004 提供了 6 种不同类型的工作层，包括信号层、内电层、机械层、屏蔽层、丝印层以及其他层，总共 74 个工作层。

进入 PCB 编辑器后，执行菜单命令【Design】→【Board Layers & Colors】或快捷键 L，将弹出如图 6-22 所示的【Board Layers and Colors】对话框。

图 6-22　【Board Layers and Colors】对话框

在【Board Layers and Colors】设置对话框中包括 7 个列表设置工作区，包括 6 个工作板层列表设置工作区以及 1 个系统颜色设置工作区。6 个工作板层列表设置工作区分别用于设置 PCB 中要显示的工作层面以及对应的颜色，每一个工作层面后面都有一个【Color】选择框和一个【Show】复选框，选中【Show】复选框则相应的工作层面标签会在 PCB 编辑器的工作平面中显示出来。为了区别各 PCB 板层，默认状态下，Protel DXP 2004 使用不同的颜色绘制不同的 PCB 层。当然，设计人员也可根据喜好调整各层对象的显示颜色，用鼠标左键单击【Color】选择项，将弹出颜色选择对话框，对系统中每一个层面的显示颜色进行设置。

在系统颜色设置工作区，设计人员可以采用同样的操作定义下列项目的颜色，以及部分项目显示与否。

【Connections and From Tos】：PCB 中的电气连接预拉线。

【DRC Error Markers】：PCB 中的 DRC 检查错误标志。

【Selections】：PCB 中的选中区域。

【Visible Grid1】：可视栅格 1。

【Visible Grid2】：可视栅格 2。

【Pad Holes】：焊盘中心孔。

【Via Holes】：过孔中心孔。

【Board Line Color】：PCB 边框线颜色。

【Board Area Color】：PCB 区域颜色。

【Sheet Line Color】：PCB 图纸边框线颜色。

【Sheet Area Color】：PCB 图纸区域颜色。

【Workspace Start Color】：工作窗口面板的起始颜色。

【Workspace End Color】：工作窗口面板的结束颜色。

## 6.2.2 规划 PCB 的物理边界

一般来说，电路板的物理边界用来限制电路板的外形、外部尺寸以及安装孔位置等；而电气边界则用来限制放置元件和布线的范围。根据两者的定义不难看出，电路板的电气边界一般要小于或等于电路板的物理边界。

在 PCB 编辑器中，确定电路板物理边界的具体步骤为

1）设定当前的工作层面为【Mechanical 1】。单击 PCB 工作窗口下面的Mechanical 1标签，便可将当前的工作层面切换到机械层【Mechanical 1】层面。

2）执行菜单命令【Place】→【Keepout】→【Track】，激活绘制导线命令来绘制 PCB 的物理边界，此时鼠标光标将变成大十字形。

3）这里设置 PCB 的物理边界为矩形，因此要求绘制一个封闭的矩形框，这个矩形框的 4 个顶点坐标分别设置为（2000，4500）、（6500，4500）、（6500，1500）和（2000，1500），可以看出，这里设置的 PCB 的物理边界为 4500mil×3000mil 的矩形。

## 6.2.3 规划 PCB 的电气边界

电气边界的设定是在禁止布线层（Keep-Out Layer）上面完成的，它的作用是将所有的焊盘、过孔和布线限定在适当的范围之内。电气范围的边界不能大于物理边界，也可将电气

边界的大小设置为与物理边界相同。规划电气边界时，单击 PCB 设计工作窗口下面的
Keep-Out Layer 标签，这样就可以将 PCB 的工作层面切换到禁止布线层。电路板的电气边界的
设置方法与设置物理边界类似，这里不再重复介绍。

## 6.3　PCB 工作参数的设置

在开始布线之前，首先要对 PCB 的工作参数进行设置，PCB 工作参数的设置是 PCB 设
计过程中非常重要的一步，它将直接影响到后续 PCB 的设计。PCB 工作参数的设置包括图
纸参数设置和 PCB 优先选项两部分。

### 6.3.1　图纸参数设置

图纸参数的设置主要包括设置图纸的尺寸、栅格的大小和栅格的显示方式等。

在 PCB 编辑器中，单击鼠标右键弹出快捷菜单，选择【Options】→【Board Options】，将
会弹出 PCB 的图纸参数设置对话框，如图 6-23 所示。

图 6-23　PCB 图纸参数设置对话框

通过该对话框，可以进行 PCB 图纸参数设置。

（1）【Measuerment Unit】设置区域

该区域用来设置 PCB 中的度量单位，单击【Unit】下拉列表框中的 ⌄ 按钮可以选择英
制（Imperial）单位或者公制（Metic）单位，一般采用英制（Imperial）单位。

（2）【Snap Grid】设置区域

该区域用来设置光标捕捉到网格的最小距离。光标捕获到网格的最小距离指的是，按一
次键盘上的方向键后光标移动的距离。设计人员既可以直接输入数值进行设置，也可以通过
单击按钮 ⌄ 来选择捕获网格的数值。

（3）【Component Grid】设置区域

该区域用来设置 PCB 中元件移动的最小距离，即使用鼠标移动元件时，鼠标移动一次

元件移动的最小距离。元件网格与捕获网格设置的方法相同。

（4）【Electrical Grid】设置区域

该区域用来设置 PCB 中的电气网格，即系统以光标为中心，在电气网格设置的数值为半径的圆形区域内自动搜索电气节点，即热点。

（5）【Visible Grid】设置区域

该区域用来设置 PCB 图纸上可见网格的距离。可见网格的功能主要是为了方便电气对象的对齐。该区域包括 3 项设置：

【Markers】选择栏：用来设置可见网格的类型，单击选择栏右键的 按钮可以选择 Dots（点状）可视网格和 Lines（线状）可视网格。

【Grid 1】、【Grid 2】输入选择栏：用来设置 PCB 中的第一和第二可视网格。

（6）【Sheet Position】设置区域

该区域用来设置 PCB 图纸的位置。该区域包括 5 项设置。

【X，Y】输入栏：用来设置 PCB 图纸左下角起始点的坐标值。

【Width】、【Heigh】输入栏：用来设置 PCB 图纸的宽度和高度。

【Display Sheet】复选框：用来设置是否显示 PCB 的图纸。

【Lock Sheet Primitive】复选框：用来设置是否锁定 PCB 的图纸。

## 6.3.2 PCB 优先选项

PCB 优先选项主要设置在 PCB 文件编辑时的一系列参数，以方便设计人员的操作，同时系统允许设计人员对这些功能进行设置，使其更符合自己的操作习惯。但是对于一般的设计人员来说，建议采用系统默认设置即可。

执行菜单命令【Tools】→【Preferences】，系统弹出【Preferences】对话框。该对话框中包括【General】选项卡、【Display】选项卡、【Show/Hide】选项卡、【Defaults】选项卡、【PCB 3D】选项卡，如图 6-24 ~ 图 6-28 所示。

图 6-24　PCB 优先选项对话框

【General】选项卡：该选项卡主要用于进行 PCB 编辑时的通用设置。

【Display】选项卡：该选项卡用于设置所有有关工作区显示的方式。

【Show/Hide】选项卡：该选项卡用于设定各类图元对象显示模式。

【Defaults】选项卡：该选项卡用于设置 PCB 编辑器中每个图元对象的默认值。

【PCB 3D】选项卡：该选项卡用于设置 PCB 3D 模型的参数。

图 6-25 【General】选项卡

图 6-26 【Display】选项卡

图 6-27 【Show/Hide】选项卡

图 6-28 【Defaults】选项卡

图 6-29 【PCB 3D】选项卡

## 6.4 PCB中的视图操作

与原理图编辑器一样，在PCB编辑器中也提供了方便快捷的视图操作。PCB编辑器中的视图操作很大部分和原理图编辑器是相同的，当然也有属于PCB编辑器独有的操作。PCB编辑器中的视图操作主要包括工作区的缩放、刷新PCB图、PCB图纸栅格的设置和工作区中的飞线显示。

### 6.4.1 工作区的缩放

PCB编辑器与原理图编辑器有以下两种相同的快捷缩放工作区的操作方法。

（1）方法1

利用键盘上的【Page Up】键和【Page Down】键，可以对PCB工作区的显示比例进行放大和缩小。

（2）方法2

按住键盘上的【Ctrl】键，同时向前或向后滚动鼠标滚轮可以完成以光标为中心的放大和缩小工作区的操作。

这两种工作区缩放的操作方法仍然是PCB设计过程中最经常使用的操作方法。在PCB菜单中有关工作区缩放的操作还有一些，例如【View】菜单中的第一栏，包括【Fit Documents】、【Fit Sheet】、【Fit Board】等操作，设计人员可以通过简单的操作熟悉这些命令。

### 6.4.2 刷新PCB图

绘制PCB时，在执行移动Room空间、移动元器件等操作后，PCB的显示界面上会出现残留的图形、斑点或者线段变形等现象。虽然这些问题对PCB的设计不会产生影响，但是为了美观起见，还是需要对视图进行刷新。与原理图工作区中的操作一样，使用键盘上的【End】键可以刷新PCB图。

### 6.4.3 PCB图纸栅格的设置

PCB图纸的可视栅格类型有【Line】或【Dot】两个选项。当PCB图纸上的可视栅格为网格线时有助于手动布局时元器件的排列和对齐；而在手动布线时，将PCB图纸的可视栅格类型切换为格点有助于画面的清晰。有两种方法可以切换PCB图纸的可视栅格类型。其方法有如下两种。

1）使用快捷键【V+G+V】可以使PCB图纸的背景在网格线和格点两者之间快速进行切换，这是一种PCB设计时常用的快捷方法。

2）在PCB工作窗口中，选择【Design】菜单中的【Board Options】，从弹出的窗口中的【Visible Grid】区域，切换【Makers】选项中Lines或Dots两个选项，可以使PCB图纸的背景在网格线和格点两者之间进行切换，如图6-30所示。

可视栅格还分为第一可视栅格和第二可视栅格，可以在【Grid 1】和【Grid 2】中分别设定它们的尺寸，系统默认第一可视栅格的尺寸为5mil，第二可视栅格的尺寸为100mil，将PCB工作窗口逐渐放大，就可以显示第一可视栅格，如果一直没有显示，执行菜单命令

图 6-30 【Board Options】对话框

【Design】→【Board Options】，注意【Visible Grid】区域中的选项【Grid 1】后的复选框是否勾选，勾选后即可在 PCB 设计中显示第一可视栅格。

### 6.4.4  工作区中的飞线显示

在 PCB 编辑器中导入元器件之后，在自动布线之前，元器件的相应引脚之间出现供观察用的类似橡皮筋的灰色连接线。这些灰色连线是系统根据规则自动生成的、用来指引布线的一种连线，一般俗称为飞线。在 PCB 中，飞线将具有电气连接的元器件引脚连接起来，是元器件之间电气连接的示意。注意：飞线与 PCB 上实际的走线意义是不同的，飞线可以相互交叉。

飞线的显示是很重要的，一旦在设计过程中，由于某种操作导致飞线隐藏起来，那么在手动布线或者自动布线后的手动修改的时候，由于不能直接显示元器件引脚之间的连接关系，将给手动布线和手动修改带来很大的困难。因此，在对 PCB 设计的时候，有必要掌握飞线的显示和隐藏方法。飞线在工作区中有以下两种显示和隐藏的方法，两种方法必须全部掌握，在飞线隐藏的时候，可以尝试分别用这两种方法来恢复显示飞线。

（1）方法 1

在 Protel DXP 2004 设计系统主界面执行菜单命令【View】→【Connections】，通过子菜单中【Show Net】→【Hide Net】、【Show Component Nets】→【Hide Component Nets】、【Show All】→【Hide All】3 对操作来实现对工作区中单个元件或单个网络或全部网络中飞线的显示与隐藏，如图 6-31 所示。这种飞线显示和隐藏的方法也可以使用快捷键【N】来操

图 6-31  【View】菜单中的
【Connections】项

作，功能是一样的，同样也可以实现对工作区中单个元件或单个网络或全部网络中飞线的显示与隐藏。

（2）方法2

执行命令【Design】→【Board Layers and Colors】（或在工作区中使用快捷键【L】），弹出【Board Layers and Colors】对话框，通过对【System Colors】区域中的【Connections and From Tos】后的【Show】复选框的勾选实现飞线的显示和隐藏。

图 6-32 【Board Layers and Colors】对话框

飞线的显示和隐藏是一项非常好用的功能，在 PCB 手动布局和手动布线的时候，两项功能的使用可以使操作更为简便。

## 6.5 PCB 设计的基本操作

### 6.5.1 创建一个新的 PCB 文件

由原理图向 PCB 图更新之前，需要先建立一个新的 PCB 文件。在 Protel DXP 2004 设计系统中提供了多种新建 PCB 文件的方法，它们分别是通过向导生成 PCB 文件、通过菜单生成 PCB 文件以及通过模板生成 PCB 文件。

通过菜单新建 PCB 文件的各种方法与在原理图编辑器中的操作基本是一致的，这里不再重复介绍。通过向导生成 PCB 文件也是一种常用的方法，本节将重点介绍这种方法。在 Protel DXP 2004 设计系统中，利用 PCB 生成向导来新建 PCB 文件的具体步骤如下。

1）在 Protel DXP 2004 设计系统的主界面上，单击主界面右下角面板控制区的【System】标签，选择其中的【File】选项，这时将会弹出如图 6-33 所示的【Files】工作面板。在【Files】工作面板中，单击面板底部【New from template】区域中的【PCB Board Wizard】

选项，弹出如图 6-34 所示的 PCB 文件生成向导对话框。

图 6-33 【Files】工作面板

图 6-34　PCB 文件生成向导对话框

2）单击【PCB Board Wizard】对话框的 Next> 按钮，系统弹出【Choose Board Units】界面，如图 6-35 所示，在【Choose Board Units】界面中，系统为设计人员提供了两种度量单位，它们分别是：

"英制"选择项：系统的度量单位为英制中的"mil"，其中 1000mil = 1inch。这里，该选择项是系统默认的度量单位。

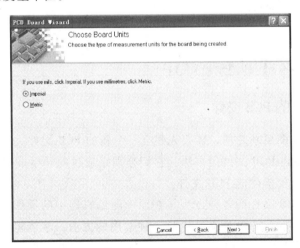

图 6-35　【Choose Board Units】界面

"公制"选择项：系统的度量单位为公制中的"mm"，英制中的"mil"与公制中的"mm"之间的换算关系为：1mil = 0.0254mm。

由于多数元件封装都采用英制单位，因此选取系统默认的英制度量单位。

3）单击 Next> 按钮，这时 PCB 文件生成向导将会进入到【Choose Board Profiles】界面，如图 6-36 所示，在界面中的 PCB 类型列表中，系统为设计人员提供了多种工业标准板型。如果设计人员对提供的各种工业标准板型不满意，那么可以在板型列表中选择【Custom】（自定义形式），然后根据设计的需要输入自定义尺寸。这里，选择自定义形式【Custom】选择项。

4）单击 Next> 按钮，这时生成向导将会进入到如图 6-37 所示的【Choose Board Details】界面。【Choose Board Details】界面中各个选择项的具体功能如下。

图 6-36 【Choose Board Profiles】界面

【Outline Shape】选择项：该选择项的作用是用来定义 PCB 的外观形状，系统为设计人员提供了 3 种形状，它们分别是矩形、圆形和自定义形状。

【Board Size】选择项：该选择项的作用是用来定义 PCB 的外观尺寸。如果 PCB 的外观形状为矩形，那么该选择项需要输入 PCB 的宽度和长度；如果 PCB 的外观形状为圆形，那么该选择项需要输入 PCB 的半径；如果 PCB 的外观形状为自定义形状，那么该选择项需要输入 PCB 的横向长度和纵向长度。

【Dimension Layer】选择栏：它的作用是用来选择用于尺寸标注的机械层。

【Boundary Track Width】输入栏：它的作用是设置 PCB 边界线的宽度。

【Dimension Line Width】输入栏：它的作用是设置 PCB 尺寸标注线的宽度。

【Keep Out Distance From Board Edge】输入栏：它的作用是设置 PCB 的电气边界与物理边界之间的距离。

【Title Block and Scale】复选框：用于选择是否在 PCB 图中加入图标题和图纸比例。

【Legend String】复选框：用于选择是否在 PCB 图中加入图标字符串。

【Title Block and Scal】复选框：用于选择是否在 PCB 图中加入尺寸标注线。

【Corner Cutoff】复选框：用于选择是否需要设置 PCB 边角的截止边界。

【Inner Cutoff】复选框：用于选择是否需要设置 PCB 内层的截止边界。

如果勾选【Corner Cutoff】复选框和【Inner Cutoff】复选框，单击 Next> 按钮后，可

以再看到具体的设置界面。

本例中，在【Choose Board Details】界面的【Outline Shape】选择项中将把 PCB 的外观形状设置成矩形，其他选取系统的默认值。

5）单击 Next > 按钮，这时 PCB 文件生成向导将会进入到【Choose Board Layers】界面中，如图 6-38 所示，在【Choose Board Layers】界面中，可以根据设计需要设置信号层和内电层的数目。信号层是指用于布线的图层，内电层是指用整片铜膜构成的接电源或接地的图层。本例中需要设计的 PCB 为一个双面板，故有两层信号层，没有内电层。因此将 PCB 的信号层数目设置为"2"、内电层数目设置为"0"。

图 6-37 【Choose Board Details】界面      图 6-38 【Choose Board Layers】界面

6）单击 Next > 按钮，这时 PCB 文件生成向导将会进入到 PCB【Choose Via Style】界面，如图 6-39 所示。在该界面中，系统为设计人员提供了【Thruhole Vias only】（只显示通孔）和【Blind and Buried Vias only】（只显示盲孔和埋孔）两个选择项，设计人员可以通过该界面设置过孔的类型。本例中设计的 PCB 为双面板，不可能存在盲孔和埋孔，因此选择"只显示通孔"选择项将 PCB 中的过孔类型设置为通孔。

7）单击的 Next > 按钮，这时 PCB 文件生成向导将会进入到如图 6-40 所示的【Choose Component and Routing Technologies】界面。在【Choose Component and Routing Technologies】界面中，设计人员应该根据设计的具体要求来进行选择：PCB 上需要安装的元件多数为表贴元件还是通孔直插式元件。如果为表贴元件是要求元件为单面安装还是双面安装，如果为通孔直插式元件，那么在两个元件临近的焊盘之间通过的导线数为多少。本例中，选取 PCB 所用元件主要为通孔直插式元件，临近焊盘之间通过的导线数为一根。

8）单击 Next > 按钮，这时 PCB 文件生成向导将会进入到【Choose Default Track and Via sizes】界面，如图 6-41 所示。在该设置界面中，设计人员可以设置 PCB 中导线的最小宽度、最小的过孔宽度、最小过孔孔径和最小导线间隔等参数。本例中 4 个选择项的设置均选取系统的默认值。

9）单击 Next > 按钮，这时 PCB 文件生成向导将会进入到如图 6-42 所示界面。在界面中单击 Finish 按钮，关闭向导，此时系统会自动建立根据向导设置的 PCB 文件，一个文件名为"PCB1. PcbDoc"的空白 PCB 文件将会出现在设计窗口中并且自动启动 PCB 编辑器，如图 6-43 所示。

图 6-39 【Choose Via Style】界面

图 6-40 【Choose Component and Routing Technologies】界面

图 6-41 【Choose Default Track and Via sizes】界面

图 6-42 【Finish】界面

通过以上的操作步骤即可完成利用 PCB 文件生成向导新建 PCB 文件的全部过程。不难看出，利用 PCB 生成向导的方法能够在创建的过程中很方便地设置 PCB 的许多参数。

### 6.5.2 导入元件和网络表

导入元件和网络表就是从原理图更新 PCB 图的操作，是将原理图中的元件和导线转换成 PCB 中的元件封装和网络。Protel DXP 2004 设计系统为设计人员提供了以下两种载入元件和网络表的方法。

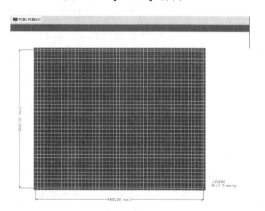

图 6-43 用 PCB 向导创建的 PCB 文件

（1）利用 PCB 编辑器中的【Design】菜单命令载入元件和网络表

利用 PCB 编辑器中的【Design】菜单命令载入元件和网络表的具体操作步骤如下。

1）新建一个 PCB 项目，向项目中添加原理图文件"单片机系统电路.SchDoc"并编译，再向项目中添加新建的 PCB 文件"单片机系统电路.PcbDoc"，将会启动 Protel DXP 2004 设计系统中的 PCB 编辑器，保存该 PCB 文件。

2）执行命令【Design】→【Import Changes From】后，会弹出如图 6-44 所示的对话框。

图 6-44 【Engineering Change Order】对话框

3）单击 Validate Changes 功能按钮后可以检查即将加载到 PCB 编辑器中的文件"单片机系统电路.PcbDoc"中的网络和元件封装是否正确。如果网络和元件封装检查正确，那么【Status】区域中的【Check】栏中出现表示正确的符号 ✓；如果网络和元件封装的装入操作不正确，那么相应的栏中将出现表示错误的 ✗ 符号。对于具有 ✗ 符号的元件来说，一般是没有找到正确的元件封装，原因大多是因为没有装载正确的集成元件库，只要仔细对照原理图设计时引用的各个元件库，基本上可以将错误改正过来。

4）如果上面的检查没有错误，那么单击 Execute Changes 功能按钮就可以将网络和元件封装加载到 PCB 文件中。这时，PCB 编辑器将会一项一项地执行网络和元件封装的装入操作。如果网络和元件封装的装入操作正确的话，【Status】区域中的【Done】栏中将出现表示正确的 ✓ 符号；如果错误，将出现 ✗ 符号。如果网络和元件封装的装入操作都没有错误，那么就实现了从原理图向 PCB 的更新。

5）单击 Close 按钮关闭【工程变化订单】对话框，这时可以看到网络和元件封装已经载入到当前的"单片机系统电路.PcbDoc"文件中了，如图 6-45 所示。

（2）利用原理图编辑器中的【Design】菜单命令载入元件和网络表

这种方法与利用 PCB 编辑器中的【Design】菜单命令载入元件和网络表的过程几乎完全一样，只不过这里是利用原理图编辑器中的【Design】菜单命令来载入元件和网络表。执行原理图菜单命令【Design】→【Update PCB Document MyPCB.PcbDoc】，将弹出同样如图 6-44 所示的【Engineering Change Order】对话框，其余步骤与上面所述完全一致。

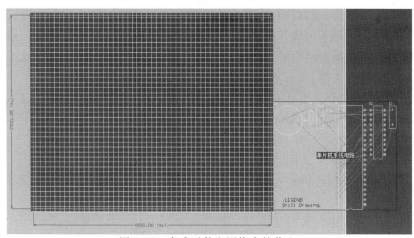

图 6-45　完成元件和网络表的载入

# 6.6 PCB 的放置工具

在 PCB 的制作过程中，PCB 编辑器为设计人员提供了功能十分强大的各种放置工具，其中最为经常放置的电气对象是元件、导线、焊盘和过孔。本节将详细介绍元件、导线、焊盘和过孔等电气对象的放置操作和它们的属性设置操作。

## 6.6.1　放置方法

在 Protel DXP 2004 设计系统的 PCB 编辑器中，进行各种放置操作有以下 3 种方法。

（1）利用配线工具栏进行放置操作

执行菜单命令【View】→【Toolbars】→【Writing】，就可以打开相应的配线工具栏进行各种放置操作。

（2）利用菜单命令进行放置操作

在 PCB 编辑器中，放置工具栏中的大多数按钮的功能实现也可以通过执行菜单命令【Place】中的各个对应菜单命令来实现。这个【Place】菜单中提供了与放置工具栏中的各个按钮相对应的菜单命令，各个菜单命令前面的图标就是与其对应的功能按钮。

（3）利用菜单选项快捷键进行放置操作

菜单选项快捷键是指对菜单选项中带有下画线字母的操作。例如，依次按下【P】键、【P】键，即为利用菜单选项快捷键放置焊盘的操作，两个【P】键为菜单命令【Place(P)】→【Pad(P)】中的带有下画线的字母。

## 6.6.2　放置对象

**1. 放置导线**

导线是电气连接中最基本的部分，放置导线的具体操作步骤如下。

1）首先单击放置工具栏中的 按钮，PCB 编辑器将处于放置导线的命令状态，光标将变成大十字形。

2）移动光标到 PCB 中的合适位置，单击鼠标左键即可确定放置导线的起点，这时会发现一条导线随着光标移动，然后移动光标到导线的下一个端点处单击鼠标左键即可确定该段导线的终点，同时它也是下一段导线的起点，再移动光标到下一个合适位置，单击鼠标左键确定新的导线段，直至确定整个导线的终点，最后单击鼠标右键或者按下【Esc】键即可完成一条连续导线的放置工作。

在放置导线的过程中，设计人员同时按下【Shift】键和【Space】键可以使导线模式在任意角度模式、90度模式、45度模式和自动布线模式之间进行切换，这一点与原理图中导线的绘制操作是完全一样的。

在绘制导线的过程中，设计人员可以对导线属性进行编辑，在鼠标处于绘制导线状态时按下【Tab】键即可打开如图6-46所示的导线属性设置对话框。

导线属性设置对话框由两个区域组成。

图6-46　导线属性设置对话框

（1）【Properties】区域

该区域用于设置连线和过孔的属性。该区域中的【Trace Width】编辑框用于设置连线宽度。【Routing Via Hole Size】和【Routing Via Diameter】编辑框用来设置与该连线相连的过孔的内径和外径。【Layer】编辑框用来设置当前布线的PCB板层。

（2）【Design Rule Constraints】区域

该区域用于显示设计规则参数。

（3）　Menu　按钮

该按钮用于打开设置设计规则参数的下拉菜单。

在绘制好导线后，也可以对导线进行编辑，用鼠标双击导线，系统会弹出导线属性设置对话框，如图6-47所示。

图6-47　导线属性设置对话框

该对话框中各项说明如下。

【Width】编辑框：用于设置导线宽度。

【Layer】下拉列表框：用来选择导线所在的 PCB 板层。

【Net】下拉列表框：用于设置导线的网络名称。

【Locked】复选框：用于设置是否锁定导线。

**2. 放置焊盘**

焊盘是 PCB 中必不可少的元素。一般在加载元器件的时候，元器件的封装上就已经包含了焊盘。当然，如果有需要时，也可以采用手动方式在需要的位置放置焊盘。放置焊盘的具体方法如下。

1）在 PCB 编辑器中，单击放置工具栏中的 ◉ 按钮，这时 PCB 编辑器将会处于放置焊盘的命令状态，鼠标光标将变成大十字形且光标上粘贴着一个焊盘的虚线框。

2）这时，按下【Tab】键将会弹出焊盘属性设置对话框，如图 6-48 所示。放置焊盘之前需要设置焊盘属性。

焊盘属性设置对话框中常用的设置项说明如下。

尺寸和形状区域中的各项意义：

【X-Size】编辑框：用来设置焊盘的水平直径尺寸。

【Y-Size】编辑框：用来设置焊盘的垂直直径尺寸。

【Shape】下拉列表框：用来设置焊盘的形状。在 PCB 编辑器中，系统为设计人员提供了 3 种焊盘形状，它们分别是圆形（Round）、矩形（Rectangle）和八角形（Octagonal）。一般来说，设计人员经常使用的是圆形焊盘和矩形焊盘。

图 6-48　焊盘属性设置对话框

【Hole Size】编辑框：用来设置焊盘的孔径尺寸。

属性区域中的各项意义：

【Designator】编辑框：用来设置焊盘的编号。设计人员既可以直接输入想要放置的焊盘编号，也可以通过单击右边的 ▾ 下拉按钮来选择以前用过的焊盘编号。

【Layer】下拉列表框：用来设置焊盘所需放置的工作层面。一般情况下，多层电路板中的焊盘放置工作层面设为"Multi-Layer"。

【Net】下拉列表框：用来设置焊盘所需放置的网络名称。

【Electrical Type】复选框：用来设置焊盘连接的负载类型。

在焊盘属性设置对话框中，按照放置要求对上面的各个选择项设置完毕后，单击 OK 按钮即可完成焊盘属性的设置工作。

3）移动光标到 PCB 中的合适位置，单击鼠标左键即可将一个焊盘放置在光标所在的位置处。放置完一个焊盘后，PCB 编辑器仍然处于放置焊盘的命令状态下，这时可以重复上面的操作来完成多个焊盘的放置工作。

4）完成所有的焊盘放置工作后，单击鼠标右键或者按下【Esc】键就可以退出放置焊盘的命令状态。

### 3. 放置过孔

过孔又称为导孔，在双面板和多层板中，为连通各层之间的印制导线，在各层需要连通的导线的交汇处钻上一个公共孔，即过孔。过孔的孔壁圆柱面上用化学沉积的方法镀上一层金属，用于连通中间各层需要连通的铜箔。而过孔的上下两面做成圆形焊盘形状。如果在手工放置连线或者自动布线时改变了布线所在的电气层，过孔会被自动放置。手动放置过孔的步骤如下。

图 6-49　过孔属性设置对话框

1）在 PCB 编辑器中，单击放置工具栏中的 按钮，这时 PCB 编辑器将会处于放置过孔的命令状态，鼠标光标将变成大十字形且光标上粘贴着一个过孔的虚线框。

2）按下【Tab】键将会弹出过孔属性设置对话框，如图 6-49 所示。

3）设置过孔的参数，过孔的参数主要包括孔的外径和孔径。

【Hole Size】编辑框：用来设置过孔的孔径尺寸。

【Diameter】编辑框：用来设置过孔的直径尺寸。

【Start Layer】下拉列表框：用来设置过孔的起始层。如果是通孔，多层电路板中过孔的起始层设为 "Top Layer"（顶层）；如果是盲孔或者埋孔，则根据需要设置。

【End Layer】下拉列表框：用来设置过孔的终止层。如果是通孔，过孔的终止层设为 "Bottom Layer"（底层）。

【Net】下拉列表框：用来设置过孔所在的网络名称。

4）在过孔属性设置对话框中，对上面的各个选择项按照放置要求设置完毕后，单击 OK 按钮即可完成过孔属性的设置工作。

5）完成所有的过孔放置工作后，单击鼠标右键或者按下【Esc】键就可以退出放置过孔的命令状态。

### 4. 放置元件封装

PCB 编辑器为设计人员提供了两种放置元件封装的方法：一种方法是利用网络表来装入元件封装；另外一种方法是利用手工放置的方法来进行元件封装的放置操作。本节介绍通过手工方法放置元件封装。

在 PCB 编辑器中，放置元件封装的具体操作步骤如下：

1）单击放置工具栏中的 按钮，或者执行菜单命令【Place】→【Component】，这时系统将会弹出如图 6-50 所示的放置元件封装对话框。

如果设计人员已经知道了元件的封装形式，那么可以直接在对话框中选中【Footprint】

图 6-50 【Place Component】对话框

单选项，然后输入元器件的封装形式【Footprint】、标号【Designator】和注释【Comment】。其中【Designator】输入栏用来输入元件封装在 PCB 中的序号，【Comment】输入栏用来输入元件封装的描述信息。

如果设计人员不知道元件的具体封装形式，而只知道元件的名称，那么可以直接在对话框中选中【Component】单选项，此时【Lib Ref】输入栏高亮，在此输入元件名称，或单击输入栏后面的 ... 按钮来选取元件，选择好后，【Footprint】栏自动显示该元件对应的封装，再自行输入标识符和注释即可。

**注意**：上面这种在放置元件封装对话框中直接写入元器件名称或封装的方法是对 PCB 编辑器中当前加载的库进行的操作，如果元器件名称或封装不在当前系统中已加载的库中，上面的方法是不可行的。

2）以放置元件封装为例，如果设计人员在系统加载的元件库中没有找到需要的元件封装，还可以单击放置元件封装对话框中【Footprint】编辑栏右边的 ... 按钮，弹出如图 6-51 所示的【Browse Libraries】对话框，选择【Libraries】下拉列表框右边的 Find... 按钮，便可以在 Protel DXP 2004 提供的整个元件库中查找所需的封装形式。这个步骤的操作方法在以前的章节中已经详细介绍过，这里不再详细介绍。这样，选取了合适的元件封装后，单击 OK 按钮返回到图 6-50 所示的【Place Component】对话框中。

3）选取完合适的元件封装后，单击【Place Component】对话框中的 OK 按钮。此时系统将进入到放置元件封装的状态，鼠标光标将变成大十字形并且粘贴着选择好的元件封装。移动光标到 PCB 中的合适位置，单击鼠标左键即可完成一个元件封装的放置工作。完成一个元件封装的放置工作后，PCB 编辑器仍然处于放置元件封装的命令状态，并且光标上仍然粘贴着一个与刚才放置完全一样的元件封装。这时重复上面的操作可以进行多个元件封装的放置工作。

4）在完成所有元件封装的放置工作后，单击鼠标右键或者按下【Esc】键后又将会弹出如图 6-50 所示的放置元件封装对话框，这时单击对话框中的 Cancel 按钮即可退出放置元件封装的命令状态。

同样，如果设计人员对 PCB 中的一些元件封装的属性设置感到不满意，那么可以利用

图 6-51　元件库浏览对话框

前面介绍的更改对象属性的方法来对元件封装的属性进行更改操作。

**5. 放置矩形填充**

在 PCB 设计过程中，有时需要放置大面积的电源/接地区域以提高电路系统的抗干扰性能。单击放置工具栏中的█按钮即可执行矩形填充的操作。矩形填充的属性设置对话框如图 6-52 所示，各个属性也与前面所讲内容类似。

图 6-52　矩形填充属性设置对话框

## 6.7 PCB 的布线

在 PCB 的设计过程中，布线是 PCB 设计的最为重要的一个环节。本节将详细介绍布线操作。

布线操作根据布线所在的板层分为单面布线、双面布线和多层布线。布线的方法分为自动布线和手动布线两种，自动布线是系统根据事先设定的规则自动完成所有布线，手动布线是设计人员根据飞线之间的连接关系来手动绘制导线，通常采用两者结合的方式，即在布线前期采用手动布线完成重要导线的连接，然后进行自动布线完成其他导线的连接，最后通过手动方式修改不合理的导线连接，从而完成 PCB 的布线操作。

## 6.7.1 自动布线

自动布线是 PCB 编辑器内的自动布线系统根据设计人员设定的电气规则和布线规则，依照一定的拓扑算法，按照事先生成的网络自动在各个元件之间进行连线，从而完成 PCB 的布线工作。

相关的自动布线规则包括布线优先级、走线的宽度、布线的拐角模式、过孔孔径尺寸等，具体的设置方法见 7.1 节，本节对规则先不做任何修改，全部采用规则的默认设置。

所有自动布线的命令全部在 PCB 编辑器的主菜单项【自动布线】中。该菜单中包括对全部对象、网络、元件、指定区域的自动布线命令等。本节以对全部对象自动布线为例，详细介绍自动布线操作。

1）执行菜单命令【Auto Route】→【All】，系统弹出如图 6-53 所示的自动布线器策略对话框。

2）单击 Edit Layer Directions... 按钮，系统弹出如图 6-54 所示的【Layer Directions】对话框。在此可以选择自动布线时各层的布线方向。一般相邻两层的导线要相互垂直，即一层为水平布线，另外一层为垂直布线。由图 6-54 可知，本例中 PCB 为双面板，只有顶层和底层，因此选择顶层为水平布线（Horizontal），底层为垂直布线（Vertical）。

图 6-53 【Situs Routing Strategies】对话框

单击【Top Layer】层后的【Current Setting】项，如图 6-55 所示，从下拉列表框中选择水平布线，对【Bottom Layer】层采用同样的操作选择垂直布线。

图 6-54 【Layer Directions】对话框

图 6-55 在方向对话框中选择

3）单击 [Edit Rules ...] 按钮进入 PCB 规则设置，如图 6-56 所示。本节中对 PCB 规则采用默认设置。

图 6-56 【PCB Rules and Constraints Editor】对话框

4）自动布线器策略对话框中的布线策略有 6 种选择，设计人员可以添加并修改自动布线策略。建议一般的设计人员采用系统默认设置，修改自动布线策略主要是提供给高级用户。

Cleanup：默认优化的布线策略。

Default 2 Layer Board：默认的双层板策略。

Default 2 Layer With Edge Connectors：默认的边界有连接器的双层板策略。

Default Multi Layer Board：默认的多层板策略。

General Orthogonal：默认的常规正交布线策略。

Via Miser：默认的最大程度减少使用过孔的布线策略。

5）在自动布线器策略对话框中选择【Lock All Pre-routes】复选项锁定全部预布线。有些比较重要的网络需要先进行手动预布线，在自动布线时选中该复选项，可以防止预布线被重新布线。

6）在自动布线器策略对话框中单击 [Route All] 按钮，系统即可根据自动布线器策略和自动布线参数规则设置对 PCB 进行自动布线。在自动布线的过程中，系统弹出【Messages】工作面板，给出的相应自动布线的状态信息如图 6-57 所示。

自动布线效率高、速度快，特别是对复杂的电路板设计更能体现 Protel DXP 2004 自动布线功能的优越性。

## 6.7.2 手动布线

尽管 Protel DXP 2004 提供了强大的自动布线功能，但是自动布线时总会存在一些令人

| Class | Document | Source | Message | Time | Date | N.. |
|---|---|---|---|---|---|---|
| Situs Event | 单片机系统电路.PCBDOC | Situs | Routing Started | 上午 11:10:42 | 201.. | 1 |
| Routing Status | 单片机系统电路.PCBDOC | Situs | Creating topology map | 上午 11:10:42 | 201.. | 2 |
| Situs Event | 单片机系统电路.PCBDOC | Situs | Starting Fan out to Plane | 上午 11:10:42 | 201.. | 3 |
| Situs Event | 单片机系统电路.PCBDOC | Situs | Completed Fan out to Plane in 0 Seconds | 上午 11:10:42 | 201.. | 4 |
| Situs Event | 单片机系统电路.PCBDOC | Situs | Starting Memory | 上午 11:10:42 | 201.. | 5 |
| Situs Event | 单片机系统电路.PCBDOC | Situs | Completed Memory in 0 Seconds | 上午 11:10:42 | 201.. | 6 |
| Situs Event | 单片机系统电路.PCBDOC | Situs | Starting Layer Patterns | 上午 11:10:42 | 201.. | 7 |
| Routing Status | 单片机系统电路.PCBDOC | Situs | Calculating Board Density | 上午 11:10:42 | 201.. | 8 |
| Situs Event | 单片机系统电路.PCBDOC | Situs | Completed Layer Patterns in 0 Seconds | 上午 11:10:42 | 201.. | 9 |
| Situs Event | 单片机系统电路.PCBDOC | Situs | Starting Main | 上午 11:10:42 | 201.. | 10 |
| Routing Status | 单片机系统电路.PCBDOC | Situs | Calculating Board Density | 上午 11:10:43 | 201.. | 11 |
| Situs Event | 单片机系统电路.PCBDOC | Situs | Completed Main in 0 Seconds | 上午 11:10:43 | 201.. | 12 |
| Situs Event | 单片机系统电路.PCBDOC | Situs | Starting Completion | 上午 11:10:43 | 201.. | 13 |
| Situs Event | 单片机系统电路.PCBDOC | Situs | Completed Completion in 0 Seconds | 上午 11:10:43 | 201.. | 14 |
| Situs Event | 单片机系统电路.PCBDOC | Situs | Starting Straighten | 上午 11:10:43 | 201.. | 15 |
| Situs Event | 单片机系统电路.PCBDOC | Situs | Completed Straighten in 0 Seconds | 上午 11:10:43 | 201.. | 16 |
| Routing Status | 单片机系统电路.PCBDOC | Situs | 23 of 23 connections routed (100.00%) in 1 Second | 上午 11:10:43 | 201.. | 17 |
| Situs Event | 单片机系统电路.PCBDOC | Situs | Routing finished with 0 contentions(s). Failed to complete 0 connection(s) in 1 Second | 上午 11:10:43 | 201.. | 18 |

图 6-57　【Messages】面板显示自动布线的状态信息

不满意的地方，尤其是在电路板比较复杂时更为明显。为了使布线更加美观合理，就需要在自动布线的基础上进行手动的调整。当然，如果用户不需要系统提供的自动布线功能，也可以直接采用手动布线的方法对电路板进行布线。手动布线的操作步骤如下。

1）确定手动布线所在的层，移动光标到 PCB 编辑区下的板层显示栏上，如图 6-58 所示。选择布线所在的信号层。本例中，C1 的焊盘 2 和 Y1 的焊盘 2 之间，C2 的焊盘 2 和 Y1 的焊盘 1 之间为顶层布线，C1 的焊盘 1 和 C2 的焊盘 1 之间为底层布线。先选择顶层布线，移动光标到【Top Layer】，单击鼠标左键即选中该层。

\Top Layer ⟨Bottom Layer ⟨Mechanical 1 ⟨Top Overlay ⟨Keep-Out Layer ⟨Multi-Layer ⟩

图 6-58　板层显示栏

2）单击放置工具栏中的 按钮，执行命令后，光标变成"十"字形状，移动光标到元件 C2 的焊盘 2 上，此时焊盘中心出现一个八边形，单击鼠标左键选中该焊盘，此时电路板变暗。

3）拖动光标到与选择的焊盘有电气连接的 Y1 的焊盘 1 上，同样当该焊盘中心出现八边形时，先单击鼠标左键，然后单击鼠标右键，两个焊盘之间连接的导线就绘制完成了。从图 6-59 中可以看见，两个焊盘之间的导线为红色，说明是在顶层布线。

图 6-59　手动布线前后

4）此时光标仍为"十"字形状，按照同样的方法绘制 C1 的焊盘 2 和 Y1 的焊盘 2 之间的导线。

5）再选择底层布线，移动光标到 PCB 编辑区下的板层显示栏的【Bottom Layer】，单击鼠标左键选择该层。按照同样的方法绘制 C1 的焊盘 1 和 C2 的焊盘 1 之间的导线。

上面只是一个简单的示例，对于双面板来说，如果在布线的过程中，需要通过过孔到另外一层去布线，可以在执行导线放置命令的同时，按下数字键盘上的【＊】键，则可以完成该操作。

### 6.7.3 取消布线

如果对现有布线不满意而想将其取消，可以执行菜单命令【Tool】→【Un-Route】，弹出取消布线的菜单选项，如图 6-60 所示。通过这些菜单选项就可以拆除 PCB 上不满意的布线。

图 6-60 取消布线命令

取消布线有 5 个菜单选项，分别对电路板上的所有导线、指定网络、指定连接、指定元件和指定空间进行拆线操作。拆除电路板上的所有导线的操作很简单，只要执行菜单命令即可。本节中，对拆除指定网络的导线作详细介绍。

执行菜单命令【Tool】→【Un-Route】→【Net】，启动拆除网络上导线命令，此时光标变为"十"字形状。移动光标到连接元件 Y1 和 C2 的网络上，单击鼠标左键，即可拆除两个元件引脚之间的连线。此时系统仍处于拆线命令下，可以继续拆除其他的连接，然后单击鼠标右键退出拆线命令。

图 6-61 所示为拆线前的电路。图 6-62 所示为拆除元件 Y1 和 C2 之间的连接。

图 6-61 拆线前的电路

图 6-62 拆除元件 Y1 和 C2 之间的连接

## 6.8 PCB 设计中的常用快捷键和常见问题

### 6.8.1 PCB 设计中的常用快捷键

同原理图设计一样，对 PCB 进行设计时，设计人员也需要掌握一些常用的快捷键。在 PCB 设计过程中经常使用的快捷键见表 6-1。

表6-1　PCB 设计中的常用快捷键

| 快捷键 | 相关操作 |
| --- | --- |
| V + G + V | 切换网络栅格 |
| G | 弹出捕获栅格菜单 |
| Shift + S | 切换单层模式开/关 |
| *（数字键盘） | 切换至下一布线层 |
| +（数字键盘） | 切换工作层为下一层 |
| -（数字键盘） | 切换工作层为上一层 |
| L 键 + 选中的元器件 | 使元器件封装在顶层和底层之间切换 |
| CTRL + 选择某一导线 | 该导线所属的网络处于过滤高亮状态 |
| L | 浏览【Board Layers and Colors】对话框 |
| Shift + C | 清除当前的过滤 |
| End | 刷新 PCB 图纸的显示画面 |
| PageUp、PageDown | 用来实现图纸的放大和缩小显示 |
| Ctrl + 滚轮上滑、Ctrl + 滚轮下滑 | 用来实现图纸的放大和缩小显示 |
| Shift + 滚轮上滑、Shift + 滚轮下滑 | 实现图纸的左右移动 |
| X 、Y | 以十字光标为轴水平、垂直翻转 |
| Q | 单位切换 |
| Tab | 元件处于悬浮状态时，对元件属性修改 |
| Space | 使元件按逆时针方向旋转90 度 |

在使用快捷键时有一点是尤其要注意的：快捷键只有在输入法为英文状态时才起作用。如果使用过程中发现快捷键不起作用，首先应该检查输入法。

### 6.8.2　载入网络表和元件封装时常出现的疑难问题分析

在向 PCB 编辑器加载网络表和元件封装的过程中，初学者由于经验不多或者操作不当，对操作时经常出现的一些奇怪现象，不知如何解决。在本节中对一些常见的问题加以分析，以便于初学者能够及时地解决。

现象一：在原理图编辑器下没有菜单命令【Design】→【Update PCB Document * . PcbDOC】。

原因：原理图文件和 PCB 文件未添加到项目下。

解决方法：在原理图编辑环境下，想进行向 PCB 编辑器加载网络表和元件封装，但是发现没有导入网络表的菜单命令【Design】→【Update PCB Document * . PcbDOC】。此时应该注意【Project】工作面板，检查原理图文件和 PCB 文件是否已全部添加到当前的项目下。如果原理图文件和 PCB 文件中的任意一个文件或者两个文件都没有添加到当前项目下，就会出现这种现象。将原理图文件和 PCB 文件全部添加到当前项目下，现象消失。

现象二：在原理图编辑器或者 PCB 编辑器中执行导入网络表的菜单命令后，出现如图6-63 所示的 DXP 错误的提示。

原因：新建 PCB 文件未保存。

解决方法：在原理图编辑器中执行菜单命令【Design】→【Update PCB Document ＊.PcbDOC】或者在 PCB 编辑器中执行菜单命令【Design】→【Import Change From ＊.PrjPCB】之后，出现如图 6-63 所示的错误提示，注意问题的产生原因是新建的 PCB 文件没有被保存所导致，保存 PCB 文件后问题消失。

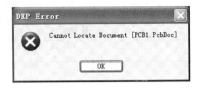

图 6-63　DXP 提示对话框

现象三：在【Engineering Change Order】对话框中某一个或某几个元件的检查项后出现表示错误的 ✖ 符号，如图 6-64 所示。

图 6-64　【Engineering Change Order】对话框

原因：出现在【Engineering Change Order】对话框中类似上面的 ✖ 符号，一般是在绘制原理图的过程中，没有为该元件添加封装或者封装形式定义不正确，或者元件本身有封装，但是相应的元件封装库或集成元件库没有加载到 PCB 编辑器中。

解决方法：对于具有错误标识的元件，可以返回到原理图编辑器，查看元件是否有封装或者封装形式定义是否正确，要确保所有的元件都指定了封装，对缺少封装形式的元件要求添加相应的封装。如果上一步没有问题，再检查该元件的封装库或集成元件库是否加载到 PCB 编辑器中，按照前面几节讲的方法将封装库或集成元件库加载到 PCB 编辑器中。

现象四：在【Engineering Change Order】对话框中全部元件的检查项后都出现 ✖ 符号，如图 6-65 所示。

图 6-65　出现错误的【Engineering Change Order】对话框

原因：在转换的过程中，如果单击【Engineering Change Order】对话框中 Validate Changes 按钮后，在【Add Component】区域的【Check】项后全部为 ✖ 符号，错误的原因是在 PCB 编辑器中未加载任何的集成元件库或封装库，例如基本的集成库 Miscellaneous Devices. Intlib 和 Miscellaneous Connectors. IntLib 没有加载。

解决方法：单击图 6-66 所示的 PCB 编辑器中【Libraries】工作面板上方的【Libraries】按钮，弹出如图 6-67 所示的【Available Libraries】对话框，单击其中的【Installed】项目，发现没有添加任何的集成元件库，单击【Install】按钮，按照项目要求逐一添加即可。

图 6-66 【Libraries】工作面板

图 6-67 【Available Libraries】对话框

现象五：在对 PCB 设计的过程中，装入元件并进行某些操作之后，在 PCB 工作环境中只显示焊盘和飞线而看不到元件的轮廓线，如图 6-68 所示。

图 6-68 在 PCB 工作环境中只显示焊盘和飞线而不见元件的轮廓线

原因：只有知道快捷键【Shift + S】的初学者才会出现这个现象。快捷键【Shift + S】是打开或关闭单层模式，并用数字键盘上的【*】键在单层之间进行切换、观察布线的一种快捷操作。在 PCB 布好线后，可以通过快捷键【Shift + S】和数字键盘上的【*】键观察各层的布线情况。但是，如果 PCB 没有布线而同时又使用了这种快捷方式，则会出现在 PCB 工作环境中只显示焊盘和飞线而看不到元器件的轮廓线的这种现象。

解决方法：按【Shift + S】键恢复。

## 6.9 PCB 设计实例——双面板手动布线

目前，本章中只涉及了 PCB 设计过程中的一些最基本操作，因此本节的实例将围绕本章所讲的内容介绍由原理图生成一个双面 PCB 的设计过程。实例中使用的是第 4 章中绘制的原理图文件"单片机系统电路．SchDoc"。

### 6.9.1 准备工作

1）在 D 盘"Chapter 6"的文件夹下新建一个名为"单片机系统电路"的文件夹，将第 4 章中经过编译的原理图文件"单片机系统电路．SchDoc"保存在该文件夹下。

2）启动 Protel DXP 2004，执行主菜单命令【File】→【New】→【Project】→【PCB】来新建一个 PCB 项目，系统自动弹出【Projects】工作面板，并且一个默认名为"PCB_project1．PrjPCB"的项目出现在【Projects】工作面板上，在新建的高亮蓝色的项目上单击鼠标右键，从弹出的菜单中选择命令【Save】，将项目重命名为"单片机系统电路．PrjPCB"并保存在"D：\chapter6\单片机系统电路"中。

3）再在【Projects】工作面板上高亮蓝色的项目"单片机系统电路．PrjPCB"上单击鼠标右键，从弹出的菜单中选择命令【Add Existing to Project】，将原理图文件"单片机系统电路．SchDoc"加载到该项目下。

### 6.9.2 在项目中新建 PCB 文件

执行主菜单命令【File】→【New】→【PCB】，创建一个空白的 PCB 文件。保存文件和项目，此时系统编辑界面如图 6-69 所示。

图 6-69 PCB 编辑界面

### 6.9.3 设置工作参数

1）图纸参数设置。在 PCB 编辑器中，单击鼠标右键弹出快捷菜单，选择【Options】→

【Board Options】，将会弹出 PCB 的图纸参数设置对话框，从中可以更改图纸参数以符合设计人员的习惯，本例中均为默认设置。

2）PCB 优先选项。执行菜单命令【Tool】→【Preference】，系统弹出【Preference】对话框，本例中无特殊要求，各项均采用默认值。

### 6.9.4　规划电路板

（1）绘制 PCB 的物理边界

1）单击 PCB 工作窗口下面的层标签中的 \Mechanical 1 标签，便可将当前的工作层面切换到机械层 Mechanical 1 层面。

2）执行菜单命令【Place】→【Keepout】→【Track】，激活绘制导线命令来绘制 PCB 的物理边界，本例中设置的 PCB 的物理边界为 3000mil×2500mil（宽×高）的封闭矩形。

（2）绘制 PCB 的电气边界

1）单击 PCB 工作窗口下面的层标签中的 Keep-Out Layer 标签，便可将当前的工作层面切换到禁止布线层（Keep-Out Layer）层面上。

2）执行菜单命令【Place】→【Keepout】→【Track】，激活绘制导线命令来绘制 PCB 电气边界，本例中设置的 PCB 的电气边界的大小与物理边界的设置相同。

### 6.9.5　载入网络表和元件封装

在载入网络表和元件封装之间，要保证原理图中所有的元件都添加了正确的封装，并且所有的元器件所在的封装库都已经载入到 PCB 编辑器中。

1）在 PCB 设计系统的窗口中执行【Design】→【Import Changes From PCB _ Project1. PrjPCB】命令，打开【Engineering Change Order】对话框，依次单击【Engineering Change Order】对话框中的 Validate Changes 按钮和 Execute Changes 按钮，更新后的【Engineering Change Order】对话框如图 6-70 所示。

图 6-70　更新后的【Engineering Change Order】对话框

2）单击【Engineering Change Order】对话框中的 Close 按钮，关闭该对话框。至此，

原理图中的元件和网络表就导入到 PCB 中了，如图 6-71 所示。

图 6-71　PCB 工作区内容

### 6.9.6　元件布局

从原理图更新到 PCB 后，按照图 6-72 所示将各个元件一一拖放到 PCB 中的 "Keep-Out Layer" 区域内。本例中要求所有元件处于顶层，布置完成后的 PCB 如图 6-72 所示。

### 6.9.7　手动布线

本例要求手动布线，顶层为水平布线，底层为垂直布线。手动布线的操作方法不再详述。本例在对双面板手动布线的过程中，设计了几个过孔，即布线时需要通过过孔到另外一层去布线。该操作为执行导线放置命令的同时，按下数字键盘的【＊】键，可以将布线通过过孔从一层切换到另一层。布置完成后的 PCB 如图 6-73 所示。

图 6-72　布局后的 PCB

图 6-73　布置完成后的 PCB

### 6.9.8　保存文件

单击保存工具　按钮，保存 PCB 文件到指定目录 "D：\ chapter6 \ 单片机系统电路" 下。

# 6.10 思考与练习

1. 练习建立一个名为"MyProject_6A.PrjPCB"的 PCB 项目,使用菜单命令创建一个名为"MyPcb_6A.PcbDoc"的 PCB 文件,再使用 PCB 文件生成向导创建一个 PCB 文件,更名为"MyPcb_6B.PcbDoc",观察【Projects】工作面板中 PCB 项目和两个 PCB 文件之间关系,要求将两个 PCB 文件添加到当前项目下,操作完成后将项目和文件全部保存到目录"D:\chapter6\MyProject"中。

2. 以题1中的 PCB 文件"MyPcb_6A.PcbDoc"为基础,要求对 PCB 图纸的属性进行设置,其中单位设置为英制,可视网格中网络类型设置为线状,选择【Grid 1】输入栏为 25mil,选择【Grid 2】输入栏为 50mil,通过缩放图纸,观察改变前后图纸背景网格的变化情况。

3. 以题2为基础,使用快捷键改变可视网格中网格的类型为点状网格,再通过缩放操作观察图纸背景网格的变化情况。

4. 练习使用不同的方法在 PCB 编辑器下打开和关闭【PCB】工作面板,观察【PCB】工作面板的组成。

5. 向 PCB 文件中导入网络表和元件封装的方法有哪些?

6. 以题1的 PCB 文件"MyPcb_6A.PcbDoc"为基础,练习在 PCB 图纸上放置一段导线,要求设置导线宽度为 20mil;放置一个圆形焊盘,要求设置焊盘孔径尺寸为 35mil,直径尺寸均为 40mil;放置一个过孔,要求设置过孔的孔径尺寸为 20mil,过孔的直径尺寸为 40mil,放置完成后观察焊盘和过孔之间的差别。

7. 以题1的 PCB 文件"MyPcb_6A.PcbDoc"为基础,练习在 PCB 编辑器中放置元件封装"DIP-8"、"VR4"和"SO-G16"。

8. 练习建立一个名为"MyProject_6C.PrjPCB"的 PCB 项目,要求使用 PCB 文件生成向导创建一个名为"MyPcb_6C.PcbDoc"的 PCB 文件并加载到该项目下,其中 PCB 文件生成向导的具体设置参数为英制单位、矩形、板子电气尺寸为 3500×3000(宽×高)、双面板、导线宽度为 8mil,其他采取默认设置。

9. 练习建立一个名为"MyProject_6D.PrjPCB"的 PCB 项目,在项目下添加一个名为"MySheet_6D.SchDoc"的原理图文件和一个名为"MyPcb_6D.PcbDoc"的 PCB 文件。按照图 6-74 给出的电路原理图和 PCB 图,练习 PCB 手动布局、自动布线,要求设置 PCB 顶层垂直布线,底层水平布线,布线宽度采用系统默认设置,绘制完成后将项目和文件全部保存到目录"D:\Chapter6\MyProject"中。

10. 以题9为基础,要求拆除 PCB 文件"MyPcb_6D.PcbDoc"中的所有布线,移动元件 U1,观察 PCB 板中飞线的连接情况,并使用不同的操作隐藏和显示飞线。

11. 建立一个名为"MyProject_6D.PrjPCB"的 PCB 项目,在项目下添加一个名为"MySheet_6D.SchDoc"的原理图文件和一个名为"MyPcb_6D.PcbDoc"的 PCB 文件。按照图 6-75 给出的电路原理图和 PCB 图,练习 PCB 手动布局和手动布线,要求设置 PCB 上所有的导线宽度均为 12mil。绘制完成后将项目和文件全部保存到目录"D:\Chapter6\MyProject"中。

图 6-74　电路原理图和 PCB 板图

图 6-75　电路原理图和 PCB 板图

**本章要点**

1. 熟悉 PCB 编辑器。
2. 电路板的规划设置。
3. PCB 的放置工具。
4. PCB 设计中的快捷键。

第7章

# PCB设计高级操作

PCB
设
计
高
级
操
作

设计规则
├ 基本操作 ┬ 新建设计规则
│         └ 删除规则
├ 页面设置 ┬ 基本属性
│         ├ 使用对象和范围
│         └ 规则约束参数
├ 布线规则 ┬ Width（导线宽度）规则
│         ├ Routing Topology（布线拓扑）规则
│         ├ Routing priority（布线优先级别）规则
│         ├ Routing Layers（布线板层）规则
│         ├ Routing Corners（布线转折角度）规则
│         └ Routing Via Style（布线过孔）规则
├ 电气规则 ┬ Clearance（安全间距）规则
│         ├ Short-circuit（短路）规则
│         ├ Un-Routed Net（未布线网络）规则
│         └ Un-Connected Pin（未连线引脚）规则
└ Mask 规则 ┬ Soler Mask Expansion 规则
            │（阻焊层延伸量）
            └ Paste Mask Expansion 规则
             （表面粘贴元件延伸量）

高级技巧
├ 网络类
├ 设计规则检查 ┬ Report Options 选择项
│             └ Rules To Check 选择项
├ 添加元件和网络标号
├ 放置覆铜
├ 补泪滴
├ 添加安装孔
└ 双向操作 ┬ 由原理图更新 PCB 图
          └ 由 PCB 图更新原理图

本章主要介绍 PCB 设计的高级操作，包括 PCB 的设计规则以及 PCB 设计过程中的一些技巧和技能。掌握本章的知识有助于设计人员能力的提高。

# 7.1 PCB 设计规则

如同汽车在路上行驶要遵守交通规则一样，在 PCB 设计中遵循的基本规则就是 PCB 设计规则。在 Protel DXP 2004 设计系统中，系统提供了便捷的规则设置操作，设计人员可以根据需要自定义设计规则。Protel DXP 2004 提供了详尽的 10 个类别的设计规则，覆盖了电气、布线、制造、放置、信号完整要求等方面。Protel DXP 根据这些规则进行自动布线，在很大程度上，布线是否成功和布线质量的高低取决于设计规则的合理性，当然也取决于设计人员的设计经验。另外，Protel DXP 2004 提供了实时设计规则检查（DRC），不管是自动布线还是手动布线，都能防止错误的发生。

Protel DXP 2004 根据设计规则的适用范围提供了以下 10 个类别的 PCB 设计规则。

"Electrical"——电气规则类。

"Routing"——布线规则类。

"SMT"——SMT 元件规则类。

"Mask"——阻焊膜规则类。

"Plane"——内部电源层规则类。

"Testpoint"——测试点规则类。

"Manufacturing"——制造规则类。

"High Speed"——高速电路规则类。

"Placement"——布局规则类。

"Signal Integrity"——信号完整性规则类。

本章前两节将对 PCB 设计过程中最经常使用的布线规则、电气规则、Mask 规则加以介绍，其中重点介绍布线规则。

## 7.1.1 设计规则的概念和基本操作

为了方便地设置和管理设计规则，Protel DXP 2004 提供了设计规则编辑器，所有设计规则的管理操作均可在设计规则编辑器中完成。本节将简要介绍一些设计规则的基本概念和设计规则编辑器的基本操作。

**1. 设计规则编辑器界面介绍**

在 PCB 编辑器环境下，在 Protel DXP 2004 的主菜单中执行菜单命令【Design】→【Rules】，系统将弹出如图 7-1 所示的【PCB Rules and Constraints Editor】对话框。从该对话框中可以对当前 PCB 编辑器中的电路板进行设计规则的设置。

【PCB Rules and Constraints Editor】对话框由两个列表组成，左侧的是 10 个类别的设计规则列表区域（Desing Rules），单击树形列表中每个规则类名称之前的 "＋" 可以展开该规则类，显示该规则类下属的所有规则，单击每个规则类名称前的 "－"，即可隐藏该规则类中的所有规则，对话框右侧的视图用于显示左侧树形列表中选中的设计规则对象的内容。

若在对话框的左侧树形列表区域中选择【Design Rules】，则对话框右侧视图中显示当前

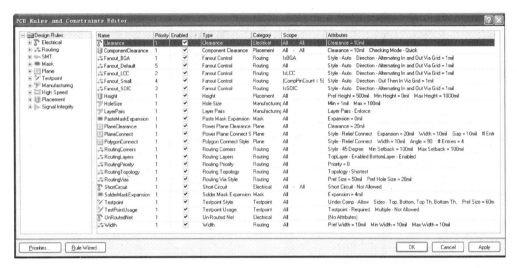

图 7-1 【PCB Rules and Constraints Editor】对话框

PCB 中所有的设计规则列表，如图 7-1 所示。若在树形列表中选择某个规则类的名称，则右边的视图中显示该规则类下的规则列表，如图 7-2 所示。如果在树形列表中选中某项规则类下属的具体规则，则在右边的视图中显示所选规则定义的选项，便于用户修改规则。所有的设计规则的建立、修改和删除等操作均可在设计规则编辑器中完成。

图 7-2 【Routing】规则列表

【PCB Rules and Constraints Editor】对话框的底部左侧包括两个设置按钮，用来设置规则的优先级和利用规则向导新建设计规则。在 Protel DXP 2004 中，每一个具体的设计规则都有一个优先级参数。该参数用于设置设计规则在检查时的先后次序，当同一个设计规则类中存在多个设计规则时，系统根据设计规则的优先级参数逐个检查设计规则。

**2. 设计规则的基本操作**

在一个 PCB 项目设计中，用户可能需要设置多个同类型的规则。例如在同一个 PCB 设计中，不同的网络由于流过的电流大小不同，铜膜导线的宽度也会不同，这样就需要新建多个有关导线宽度的设计规则应用于不同的对象。本节将介绍新建、删除设计规则的具体步骤。

（1）新建设计规则

1）在设计规则编辑器左侧的树形列表中选择需要编辑的规则类，本例中选择【Rou-

图7-3 【Width】规则对话框

ting】设计规则类下的【Width】设计规则。单击树形列表中【Routing】规则类名称之前的"＋"可以展开该规则类，显示该规则类下属的所有规则，如图7-3所示。

2）在【Width】设计规则上单击鼠标右键，弹出如图7-4所示的右键菜单。

图7-4 右键菜单

3）在弹出的菜单中选择【New Rule】命令，系统在【Width】规则类下新建一个默认名称为【Width_1】的规则，如图7-5所示。此时【Width】规则类下的所有设计规则为加粗显示，提示该规则需要修改并保存。

4）单击【PCB Rules and Constraints Editor】对话框中的 Apply 按钮，检查并应用新建的规则。

（2）删除规则

1）在设计规则编辑器左侧的树形列表中选择欲删除的规则，本例中选择刚才新建的设计规则"Width_1"。

2）在该规则上单击鼠标右键，在弹出的菜单中选择【Delete Rule】命令，系统就会在

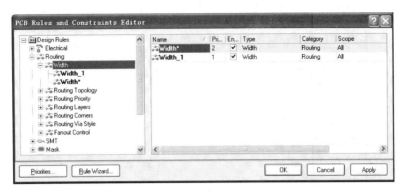

图 7-5　新建的默认名称为"Width_1"的规则

将要删除的规则名称上显示一条删除线，如图 7-6 所示，表示该规则已经设置为被删除。

图 7-6　规则名称上显示删除线

3）单击【PCB Rules and Constraints Editor】对话框中的 [Apply] 按钮，就可以删除有删除线标记的规则。

**3. 设计规则设置页面**

在 Protel DXP 2004 的设计规则编辑器中，选中某个规则类下属的具体设计规则后，在设计规则管理器的右部，将会显示对应的设计规则设置页面。通常，所有的设计规则设置页面包括 3 个设置区域，分别是基本属性、适用对象和范围、约束参数 3 个设置区域。下面，以"Width"设计规则的设置页面为例，介绍这 3 个区域的属性。【Width】规则的设置页面如图 7-7 所示。

（1）基本属性

设计规则的基本属性包括【Name】、【Comment】和【Unique ID】3 项，用来定义规则的名称、描述信息和系统所提供的唯一编号。设计人员可以在对应的文本编辑框内设置这些基本属性。通常情况下，【Unique ID】由系统指定，不需要设计人员更改。

（2）适用对象和范围

设计规则的适用对象和范围用于指定在进行设计规则检查时的对象范围，根据设计规则

图 7-7 【Width】规则的设置页面

所描述的对象个数，设计规则可以分为一元设计规则和二元设计规则。一元设计规则是指该规则只约束一个对象或一个对象集中的每个对象，如线宽约束。二元设计规则是指该规则约束的是一个对象和另外一个对象之间的电气关系，因此，二元设计规则必须有两个对象需要设置，例如属于两个不同网络的铜膜导线之间的间距就需要对两个对象分别定义。在二元规则选项视图中有"第一个匹配对象的位置"选项栏和"第二个匹配对象的位置"选项栏用于分别设置二元设计规则适用的两个对象的范围。

　　无论是"第一个匹配对象的位置"选项栏和"第二个匹配对象的位置"选项栏都有 6 个单选项来用于选择规则的适用对象和范围，各选项的意义如下。

　　【All】：当前规则设定对于电路板上全部对象有效。

　　【Net】：当前设定的规则对电路板上某一个选定的网络有效，设计人员可在选项栏右侧的下拉列表中选择当前的 PCB 项目中已定义的网络名称。

　　【Net Class】：当前设定的规则对电路板上某一个选定的网络类有效，设计人员可在选项右侧上方的下拉列表中选择已定义的网络类的名称。

　　【Layer】：当前设定的规则对选定的板层有效，设计人员可在选项栏右侧上方的下拉列表中选择需要设置的 PCB 板层的名称。

　　【Net and Layer】：当前规则对选定的某一个层上的某一个网络有效，设计人员可在选项栏的第一个下拉列表中选择 PCB 板层的名称，在第二个下拉列表中选择网络的名称。

　　【Advanced（Query）】：利用条件设定器，自行定义规则有效的范围。

　　（3）规则约束参数

　　规则约束参数设置区域内的选项用于设置规则的具体参数。由于每种设计规则的参数都不相同，所以规则约束设置区域的内容会各不相同。

## 7.1.2 布线规则

　　布线规则（Routing）的主要功能是用来设定 PCB 布线过程中与布线有关的一些规则，它是 DXP 设计规则设置中最重要也是最常用的规则，规则设置是否合理将直接影响布线的质量和成功率。

在【PCB Rules and Constraints Editor】对话框中，单击对话框左侧区域中的【Routing】规则类前的"＋"号，这时布线规则下的各个规则就会展开。布线规则共包括7个规则，包括【Width】（导线宽度）规则、【Routing Topology】（布线拓扑）规则、【Routing Priority】（布线优先级）规则、【Routing Layers】（布线板层）规则、【Routing Corners】（布线转折角度）规则、【Routing Via Style】（自动布线过孔）规则和【Fanout control】规则。

在制板的时候最常使用的是【Width】规则，要注意【Routing Via Style】规则在设计时经常会出现提示错误，其他的规则在设计双面板的时候一般采取默认，最后一项【Fanout control】规则一般设计人员是不会用到的。

下面将对前6个布线规则的设置进行介绍，其中对设计时最经常使用的【Width】规则进行重点讲解。

**1.【Width】规则**

该规则的主要功能是用来设置PCB自动布线时的导线宽度。在图7-8所示的对话框中，单击【Width】规则前的"＋"号后弹出系统默认的唯一的【Width】子规则，用鼠标左键单击【Width】子规则，这时对话框的右侧将会弹出【Width】子规则的设置界面，如图7-8所示。

图7-8 【Width】规则

下面以在【Width】规则下新建一个名为"Width_VCC"的规则为例，介绍【Width】规则的具体设置方法。在本例中，新建的布线规则是对PCB中已定义的"VCC"网络导线宽度进行设置，要求系统自动布线时，"VCC"网络导线宽度设置为40mil。【Width】规则的具体设置方法如下。

1）新建规则。在【Width】规则上单击鼠标右键，从弹出的快捷菜单中选择【New Rule】选项，系统将自动在当前的【Width】设计规则下，添加一个默认名为"Width_1"的新设计规则，如图7-9所示。在"Width_1"设计规则上单击鼠标左键，这时对话框的右侧将会弹出一个设计规则编辑界面，如图7-10所示。

2）更改规则名称。在规则名称区域，将新建规则"Width_1"名称修改为"Width_

VCC"。

3）设置规则适用范围。在设置规则的使用对象和范围区域中只有一个【Where the First object matches】区域用来指定对象适用范围，这是因为现在只是针对导线宽度进行设置，因此只有【导线宽度】一个对象。这里选定【Net】单选项，同时在下拉列表中选择已事先设定的"VCC"网络，这时可以发现右边【Full Query】中出现InNet（ ）字样，其中括号里也会出现对应的"VCC"网络名。

图7-9 新建规则

图7-10 更改新建规则名称

4）设置规则约束条件。在【Constraints】选项区域中对导线的宽度有3个选项可供设置，分别为Max Width（最大宽度）、Preferred Width（优选宽度）、Min Width（最小宽度）3个值。系统对导线宽度的每一项默认值为10mil，单击每一个选项可以直接输入数值进行更改。本例中修改Preferred Width为40mil，Min Width为30mil，Max Width为50mil，则系统在自动布线时，系统对"VCC"网络的导线按优选项40mil进行布线，如图7-11所示。

其中，Max Width（最大宽度）和Min Width（最小宽度）用来设置导线宽度的最大和最小允许值，布线时，只要导线宽度在两者之间，则系统不会提示错误。

5）单击 Apply 按钮，检查规则设置情况，如果没有错误，系统自动保存该规则的设置。设计完成效果如图7-12所示。

正如前面所介绍的，设置完规则后，还需要再设置规则优先级。注意，现在【Width】规则下有两个设计子规则，一个是系统默认的名为"Width"的布线规则，另一个是自定义的名为"Width_VCC"的布线规则，当然还可以根据电路设计需要继续向【Width】规则下添加其他的布线规则，也可以根据需要删除某些设计规则。

注意：当前的两个设计子规则的适用范围发生了冲突。在系统默认的名为【Width】的子规则中，规则的适用对象为"全部对象"，即设置电路板中所有网络的导线宽度全部为10mil，当然也包括了"VCC"网络，即"VCC"网络的导线宽度是被设置为10mil的。而自定义的名称为"Width_VCC"规则中，"VCC"网络的导线宽度又被重新设置为40mil，那么在这两个规则的设定中，对于"VCC"网络的导线宽度进行了重复设置，而两个布线子

图 7-11 设置导线宽度

图 7-12 对"VCC"网络导线宽度的设置

规则的设置是发生了冲突的。也就是说，在系统自动布线时，对于"VCC"网络，到底是应该按照两个规则中的哪一个执行呢？这即为规则优先级需要解决的，由"规则优先级"来决定 PCB 布线的时候，两个布线设计规则谁的优先级最高，即布线时先执行哪个布线子规则。

对规则中的优先级等级的设置，通过单击设计规则设置对话框中左下角的 [Priorities...] 按钮，即可弹出如图 7-13 所示的【Edit Rule Priorities】设置对话框。其中优先级的最高级为等级 1，设计人员可以由此优先级设置对话框看出【Width】规则和【Width_VCC】规则的优先级等级，在此对话框中，【Width】规则的优先级高于【Width_VCC】规则。设计人员可以单击 [Increase Priority] 和 [Decrease Priority] 按钮增加或降低当前选中设计规则的优先级等级。这里，设置【Width_VCC】规则的优先级等级为 1，【Width】规则的优先级等级为 2，则系统自动布线时，"VCC"网络导线的宽度被设置为 40mil，其他的网络导线宽度为 10mil。更改优先级之后的优先级对话框如图 7-14 所示。

图 7-13 未更改优先级的优先级对话框

图 7-14 更改优先级之后的优先级对框

### 2.【Routing Topology】规则

该规则用于定义自动布线时同一网络内各元件（焊盘）之间的连接方式，Protel DXP 2004 中常用的布线约束为统计最短逻辑规则，当然用户也可以根据具体设计选择不同的布线拓扑规则。Protel DXP 2004 提供了以下 7 种布线拓扑规则。

（1）【Shortest】（最短）布线拓扑规则

该规则设置如图 7-15 所示。该方式的布线逻辑是布线时保证所有网络节点之间的连线总长度为最短。

（2）【Horizontal】（水平）布线拓扑规则

该规则设置如图7-16所示。该方式的布线逻辑是以水平布线为主，并且水平布线长度最短。

（3）【Vertical】（垂直）布线拓扑规则

该规则设置如图7-17所示。该方式的布线逻辑是以垂直布线为主，并且垂直布线长度最短。

图7-15　最短拓扑规划　　　图7-16　水平拓扑规则　　　图7-17　垂直拓扑规则

（4）【Daisy Simple】（简单雏菊）布线拓扑规则

该规则设置如图7-18所示。该方式的布线逻辑是将各个节点从头到尾连接，中间没有任何分支，并使连线总长度最短。

（5）【Daisy-MidDriven】（雏菊中点）布线拓扑规则

该规则设置如图7-19所示。该方式的布线逻辑是在网络节点中选择一个中间节点，然后以中间节点为中心分别向两边的终点进行链状连接，并使布线总长度最短。

（6）【Daisy Balanced】（雏菊平衡）布线拓扑规则

该规则设置如图7-20所示。它是【Daisy-MidDriven】布线拓扑规则中的一种，但要求中间节点两侧的链状连接基本平衡。

（7）【Starburst】（星形）布线拓扑规则

该规则设置如图7-21所示。该方式的布线逻辑是在所有网络节点中选择一个中间节点，以星形方式去连接其他的节点，并使布线总长度最短。

图7-18　简单雏　　　图7-19　雏菊中点规则　　　图7-20　雏菊　　　图7-21　Starburst
　菊规则　　　　　　　　　　　　　　　　　　　　　平衡规则　　　　　（星形）规则

### 3. 【Routing Priority】规则

该规则用于设置布线优先级次序。系统提供优先级次序的设置范围为0～100，数值越大，优先级越高，数值100表示布线优先级最高。优先级高的网络在自动布线时将先布线，因此可以把一些重要的网络设置为级别高的布线优先级。单击此设计规则后，对话框右侧的规则设置界面如图7-22所示。

图 7-22　布线优先级设置

**注意：**【Routing Priority】不能和【Width】规则中的【Edit Rule Priorities】弄混，【Routing Priority】是在系统自动布线时，对哪一个网络先进行布线，而【Width】规则中的【Edit Rule Priorities】是指当几个导线宽度规则冲突时，先执行哪一个规则。

**4. 【Routing Layers】规则**

该规则的主要作用是设置布线时哪些信号层可以使用，【Where the First object matches】与前面介绍的相同，【Constraints】区域给出了当前 PCB 可以布线的层，选中某层对应的【允许布线】复选框表示可以在该层布线，如图 7-23 所示。

图 7-23　布线板层规则的设置

**5. 【Routing Corners】规则**

该规则主要用来设置导线拐弯的样式。在【Constraint】区域有两项设置，【风格】区域用于设置拐角模式，有 45°拐角、90°拐角和圆形拐角 3 种；【尺寸】区域可以设置拐角的尺寸。设计人员尽量不要使用 90°拐角，以避免不必要的信号完整性恶化。这 3 种方式分别如图 7-24、图 7-25 和图 7-26 所示。

| 图 7-24 45°拐角布线 | 图 7-25 90°拐角布线 | 图 7-26 圆形拐角布线 |

### 6. 【Routing Via Style】规则

该规则用于设置布线中过孔的尺寸，其【Constraint】界面如图 7-27 所示，可以在其中设置过孔直径和过孔内径的大小，两者都包括最大值、最小值和最佳值。设置时需注意过孔直径和过孔孔径的差值不宜过小，否则将不宜制板加工，合适的差值在 10mil 以上。

图 7-27 过孔设置

## 7.1.3 电气规则

电气规则（Electrical）是 PCB 在布线时必须遵守的一个电气规则，它包括【Clearance】（安全间距）规则，【Short-Circuit】（短路）规则，【Un-Routed Net】（未布线网络）规则和【Un-Connected Pin】（未连线引脚）规则 4 个电气设计规则，如图 7-28 所示。

图 7-28 【Electrical】规则

### 1. 【Clearance】规则

该规则用于限制 PCB 中的导线、焊盘、过孔等各种导电对象之间的安全距离，使导电对象之间不会因为过近而产生相互干扰。

安全间距是指具有导电性质的对象之间的最小间距，通常包括导线与导线（Track to Track）、导线与过孔（Track To Via）、过孔与过孔（Via to Via）、导线与焊盘（Track to Pad）、焊盘与焊盘（Pab to Pab）、焊盘与过孔（Pab to Via）等导电对象之间的最小安全距离。

对于 PCB 来说，PCB 的元件间距越大，则制出的板子越大，成本也越高。而 PCB 元件之间的距离也不能太小，如果间距太小，有可能在高电压的情况下发生击穿短路。所以这个值要选得合适，一般情况下，可以选择 8～12mil。

选择【Electrical】规则下的【Clearance】规则，在 PCB 设计规则对话框中的右边视图显示该规则的设置界面，如图 7-29 所示。

图 7-29　【Clearance】规则设置

下面详细介绍设置 PCB 上已定义的 "GND" 网络和所有网络之间的安全间距为 10mil 的具体操作步骤。

1）新建规则。在【Clearance】规则上单击鼠标右键，从弹出的快捷菜单中选择【New Rule】选项，系统将新建一个名为 "Clearance_1" 的设计规则。选中此设计子规则，对话框右侧出现该规则的设置选项，重新命名为 "Clearance_GND"，如图 7-30 所示。

2）设置规则适合范围。因为必须存在两个对象，才能有安全间距的问题，所以在设置规则的使用对象和范围区域中存在两个小区域来指定对象的使用范围，即【Where the First object matches】区域和【Where the Second object matches】区域。根据本例的要求，在【Where the First object matches】选项区域中选定一种对象，首先选定【Net】单选项，并在其右边的下拉菜单中选择 PCB 已经事先设定的 "GND" 网络，此时在右边【全查询】中出现 "InNet（'GND'）" 字样。同样，在【Where the Second object matches】选项区域中也选定【All】（全部对象）选项，表示本例是对 "GND" 网络和所有网络之间的安全间距进行设置。

3）设置规则约束条件。在【Constraints】选项区域中的【Minimum Clearance】（最小间

图 7-30　新建"Clearance_1"设计规则

隙）文本框里输入 10mil，表示设置"GND"网络和所有网络之间的安全间距为 10mil。

4）设置优先级。单击设计规则设置对话框中右下角的 Priorities... 按钮，从弹出的【编辑规则优先级】对话框中设置【Clearance_1】子规则的优先级等级为 1，即第一优先级，系统默认的【Clearance】子规则的优先级等级为 2。

5）单击 Apply 按钮，检查设置，如果没有问题，系统自动保存该规则的设置，GND网络和所有网络之间的安全间距规则设置已完成。

**2.【Short-Circuit】规则**

该规则用于设定是否允许某 PCB 中的导线短路。在实际电路板设计过程中，我们避免两类导线短路情况的发生，但有时也需要将不同的网络短接在一起，比如有几个地网络之间需要短接到一点。如果设计中有这种网络短接的需要，必须为此添加一个新的规则，在该规则中允许短路，即在如图 7-31 所示的"约束"下勾选"允许短回路"，并在匹配对象的位置中指明这一规则适用于哪个网络、板层或者其他特殊元件，此时当两个不同网络的导线相连时，系统将不产生报警。一般情况下设计人员不宜选中该复选框。

**3.【Un-Routed Net】规则**

该规则用于设定检查网络布线是否完整。设定该规则后，设计者可根据它检查设定范围内的网络是否布线完整。如果网络布线不完整，将电路板中没有布线的网络用飞线连接起来。其设置如图 7-32 所示。

**4.【Un-Connected Pin】规则**

该规则用于设定检查元件的引脚是否连接成功。注意：在这一规则下没有具体的规则设置，说明这个规则不属于一个常用的规则，如果在制板时确实要使用到这一规则，可以自行添加新规则并设定。在【Un-Connected Pin】规则上单击右键自行创建一个规则，结果如图 7-33 所示。

图 7-31 【Short-Circuit】规则设置

图 7-32 【Un-Routed Net】规则设置

图 7-33 【Un-Connected Pin】规则设置

### 7.1.4　Mask 规则

阻焊层设计（Mask）规则用于设置焊盘到阻焊层的距离，包括【Soler Mask Expansion】（阻焊层延伸量）和【Paste Mask Expansion】（表面粘贴元件延伸量）两种规则。

**1.【Soler Mask Expansion】规则**

该规则用于设计从焊盘到阻碍焊层之间的延伸距离。在电路板的制作时，阻焊层要预留一部分空间给焊盘，这个延伸量就是防止阻焊层和焊盘相重叠。如图 7-34 所示，系统默认值为 4mil，可以通过【Expansion】参数设置延伸量的大小。

图 7-34　设置阻焊层延伸量

**2.【Paste Mask Expansion】规则**

该规则用于设置表面粘贴元件的焊盘和焊锡层孔之间的距离。如图 7-35 所示，在约束

图 7-35　设置表面粘贴元件的延伸量

区域中的【Expansion】参数中可以根据设计需要设置延伸量的大小。

 **PCB 设计中常用的高级技巧**

本节介绍 PCB 设计中的一些非常实用和常用的操作技巧，它们有利于设计人员提高 PCB 设计的效率和质量

### 7.2.1　网络类

"类"是指具有相似属性的对象的集合，通过对"类"的设置，可以在自动布线时对属于相同"类"的所有对象一起操作，方便快捷。Protel DXP 2004 中包括 6 大"类"，分别为"网络类"、"元件类"、"层类"、"焊盘类"、"差分对类"以及"覆铜类"。其中最经常使用的是"网络类"（Net Classes）。其他"类"的设置与"网络类"基本相同，本节将重点介绍"网络类"的设置方法。对"网络类"的设置操作步骤如下。

1）打开【Object Class Explorer】对话框。在 PCB 编辑器的主菜单上执行菜单命令【Design】→【Classes】，即可进入【Object Class Explorer】对话框，如图 7-36 所示。

2）建立一个新的"网络类"。在【Net Classes】（网络类）上单击鼠标右键，在弹出的右键菜单中选择【Add Class】命令，可以产生一个新的"网络类"，系统默认名称为"New Class"，如图 7-36 所示。

图 7-36　生成网络类选项

3）向新建的"网络类"添加成员。在浏览器窗口中包含有【Non-Members】列表区和【Members】列表区两个部分，【Non-Members】列表区中包括了电路中所有的网络，设计人员可以从【Non-Members】列表区包含的网络中选择要添加到新建的名为"New Class"的"网络类"中的网络，单击 按钮即可完成对新的"网络类"的成员的添加。

4）关闭该对话框即可完成新建"网络类"设置。

5）对"类"的操作还有删除和重命名两种，在【Net Classes】上单击右键选择【Delete Class】或者【Rename Class】可以删除或重命名已有的"网络类"。

## 7.2.2　设计规则检查

在完成 PCB 的布线工作后，为了确保所设计的 PCB 满足设计者的需要，设计人员一般要对所设计的 PCB 进行检查。对于简单的 PCB 设计来说，设计人员可以通过观察的方法来检查 PCB 设计是否存在错误，但是对于复杂的 PCB 设计来说，设计人员通过观察的方法来进行检查就显得非常困难了。基于这个原因，Protel DXP 2004 设计系统也为设计人员提供了功能十分强大的设计规则检查（Design Rule Check，DRC）功能。通过 DRC 检查功能，设计人员可以检查所设计的 PCB 是否满足先前所设定的布线要求。

启动 DRC 的方法是执行菜单命令【Tool】→【Design Rule Check】，将弹出【Design Rule Checker】对话框，如图 7-37 所示。

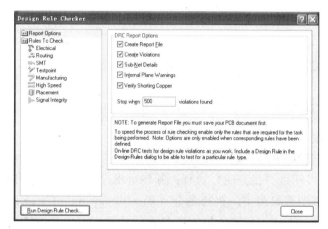

图 7-37　【Design Rule Checker】对话框

该对话框由两个窗口组成，左侧窗口由【Report Options】和【Rules To Check】设计规则列组成，右边窗口是具体的设计内容。

**1.【Report Options】选择项**

【Report Options】选择项的主要功能是用来设置以报表的形式生成规则检查结果的各个选择项。在对话框右侧的【DRC Report Options】区域，可以看出它由 5 个复选框和一个输入栏组成。

【Create Report File】选项：用来设置是否生成 DRC 检查报告文件。

【Create Violations】选项：用来设置是否生成违反设计规则的报告。

【Sub-Net Details】选项：用来设置是否检查 PCB 中的子网络的情况。

【Internal Plane Warnings】选项：用来设置 DRC 检查时是否给出内层警告信息的报告。

【Stop when（500）violations found】违反规则次数输入栏：用来设置 DRC 检查时违反设计规则的具体次数。如果 DRC 检查时违反设计规则的次数达到了输入值，那么系统将会停止 DRC 检查；否则，将会继续进行 DRC 检查。

**2.【Rules To Check】选择项**

【Rules To Check】选择项用来设置检查的规则以及选择规则检查的方式。规则检查的方式有两种：【Online】栏用来选择设计规则是否需要实时检查；【Batch】栏用于选择是否需要在批处理中进行检查。在【Rules To Check】选择项的下边包括了要进行检查的设计规则名称以及它所属的规则种类，右侧区域用来设置进行"实时"检查还是"批处理"检查，如图 7-38 所示。

图 7-38 【Rules To Check】选择项

在 DRC 检查过程中有两种方式，即前面所说的【Online】方式与【Batch】方式。其中【Online】方式是随布线操作同时进行的，可以将 PCB 设计过程中出现的错误直接在工作窗口提示出来，或者拒绝执行某些错误的布线。【Batch】方式是指 DXP 将在单击【Run Design Rule Check】时才可以开始"批处理"检查，并将所出现的错误生成 DRC 检查报告文件。

执行 DRC 检查的步骤很简单，执行命令【Run Design Rule Check】即可对设计的 PCB 进行 DRC 检查。重点是要设定好哪些规则需要在线检查，哪些规则需要批处理检查，对于普通的设计人员来说，一般建议采用系统的默认设置即可。

DRC 检查结束后，系统将会自动生成一个"＊.DRC"的 DRC 检查报告文件，这个报告文件将会给出所进行的所有设计规则的检查情况，如图 7-39 所示。

图 7-39 PCB 的 DRC 检查报告

在 DRC 检查报告文件中，系统将会逐项给出各个设计规则的检查情况。一般来说，报告文件中各项设计规则检查的书写格式为：

> Processing Rule：设计规则名称 Constraint 约束条件
>
> Violation 违反设计规则的具体信息
>
> ……
>
> Violation 违反设计规则的具体信息
>
> Rule Violations：数目

在 DRC 检查报告文件中，可以看到有 1 项违反线宽设计规则的信息：

> Processing Rule：Width Constraint（Min=40mil）（Max=40mil）（Preferred=40mil）
> （InNet（'GND'））
>
> Violation Track（3160mil，6320mil）（4870mil，6320mil）Top Layer Actual
> Width=30mil Rule Violations：1

这是由于（3160mil，6320mil）（4870mil，6320mil）段的地线宽度设置为30mil，违反了地线线宽规则。在规则中，地线线宽设置为 Preferred=40mil。

如果报告中有违反设计规则的信息出现，那么当设计人员将窗口切换到 PCB 文件时，可以发现 PCB 上违反设计规则的地方将以绿色高亮显示。通过这个高亮显示，设计人员可以很快找到违反设计规则的地方，然后就可以对其进行修改，从而可以有效地排除 PCB 设计中的所有错误。

## 7.2.3 在 PCB 上添加元件和网络标号

在 PCB 上放置元件的方法在前面的章节已经介绍过，这里不再重复介绍，本节只介绍为放置好的元件添加网络标号的方法。在本节中，假设在 PCB 上，已经添加好了一个封装为"AXIAL-0.5"的电阻 R1000，如果想使这个新添加电阻的与当前的 PCB 中的电路网络相连接，还必须给元件相应的引脚添加网络标号。如图 7-40 所示，注意到未添加网络标号前，元件 R1000 焊盘上只有标号"1"和"2"，并没有网络标号，也没有连接任何飞线，这表示该元件现在并未连接到电路网络中。想要使元件添加到电路网络之中，需要对该元件引脚的焊盘属性加以设置。双击元件 R1000 的焊盘 1，在弹出的焊盘属性对话框的【Net】下拉列表中单击下拉箭头，可以看到电路的所有网络，选择这个焊盘需要连接的网络，如 "GND" 网络，单击 OK 按钮返回到电路中，可见元件 "R1000" 的引脚 1 标号上添加了网络标号 "GND"，同时在元件 R1 的焊盘 1 和元件 R1000 的焊盘 1 之间出现表示网络连接的飞线。重复相同步骤，对元件 "R1000" 的焊盘 2 进行相同的操作，这样可以使元件连接到电路之中，结果如图 7-41 所示。

图 7-40 在电路中
添加元件 R1000

## 7.2.4 放置覆铜

覆铜操作一般是在完成布局、布线操作以后进行的操作。在 Protel DXP 2004 设计系统中，所谓覆铜就是在 PCB 上没有铜膜走线、焊盘和过孔的空白区域铺满铜箔，目的是提高

图 7-41　元件 R1000 焊盘 1 的属性

电路板的抗干扰能力，有时也可用于散热，而且还能提高电路板的强度。覆铜的对象可以是电源网络、地线网络和信号线等，通常的 PCB 设计中，对地线网络进行覆铜比较常见。一般情况下，将所铺铜膜接地，即与地线相连接，可以增大地线网络的面积，也可以提高电路板的抗干扰性能和过大电流的能力，还可以提高电路板的强度。

图 7-42　【Polygon Pour】对话框

　　单击菜单命令【Place】→【Polygon Pour】，系统将弹出如图 7-42 所示的【Polygon Pour】对话框，以下是对话框中各个选项设置的具体介绍。

　　(1)【Fill Mode】区域

　　该区域用来设置覆铜填充模式。有实心填充模式、影线化填充模式和无填充模式 3 种选择。选择不同的填充模式，则【Polygon Pour】对话框中间的图形部分相关选项会发生相应变化，如图 7-43 所示。

　　(2)【Properties】区域

　　该区域主要用于设置覆铜所在的层面、铜膜网格线的最短长度和是否锁定覆铜。

　　(3)【Net Options】区域

　　该区域主要用于设置与网络有关的参数。

a)　　　　　　　　　　　b)　　　　　　　　　　　c)

图7-43　覆铜的3种填充模式

a）实心填充模式　b）影线化填充模式　c）无填充模式

【Connect to Net】选项：用来设置覆铜所连接到的网络，一般将覆铜与地线相连接。

【Don't Pour Over Same Net Objects】选项：表示多边形覆铜只包围相同网络已经存在的导线或多边形，而不会覆盖相同网络名称的导线。其中，【Pour Over All Same Net Objects】选项表示当覆铜操作时，覆盖相同网络名称的导线；【Pour Over Same Net Polygons Only】选项表示只覆盖现有的、已经存在的覆铜区域，对其他相同名称的网络导线不覆盖。

【Remove Dead Copper】复选框：设置是否清除死铜。死铜指的是在覆铜之后，与任何网络都没有连接的部分覆铜。选中该复选框后，则在覆铜操作以后系统将自动删除所有的死铜。

这里以图7-44所示的PCB为例说明覆铜的过程。

图7-44　覆铜前的PCB

1）在Protel DXP 2004设计系统的【PCB】工作面板的菜单上选择【Place】→【Polygon Pour】，或单击【Writing】工具栏中的放置覆铜按钮，系统将会弹出【Polygon Pour】对话框。

2）设置覆铜的属性。这里采用影线化填充模式，导线宽度设为"10mil"，网格尺寸设为"30mil"，围绕焊盘形状为八边形，填充模式为90°网格，在"Bottm Layer"层覆铜并与

"GND"网络连接，选择【Pour Over All Same Net Objects】选项，并确认选中【Remove Dead Copper】选项。

3）设置好覆铜的属性后，单击 OK 按钮，开始放置覆铜。此时光标变成"十"字形状，移动光标到PCB左上角，单击光标确定放置覆铜的起始位置，再移动光标到合适位置逐一单击，确定所选覆铜范围的各个端点。本例中的电路板为长方形，可以沿长方形的4个顶角选择覆铜区域。这样，就在电路板上画一个封闭多边形，将整个电路板包含进去。

**注意**：必须保证的是，覆铜的区域必须为封闭的多边形状。

4）覆铜区域选择好后，右击鼠标退出放置覆铜状态，系统自动运行覆铜并显示覆铜结果。

**注意**：覆铜需要一定的计算时间，可以从状态栏中间的位置看出覆铜的进程。

5）对PCB底层覆铜后，对PCB顶层覆铜，重复上面相同的操作即可。

在覆铜之后，如果还想对覆铜属性进行某些编辑和修改，可以双击覆铜区域，即可打开其属性设置对话框进行相应的修改。如果想分别观察顶层和底层覆铜的效果，可以直接点击【Top layer】（顶层）和【Bottm layer】（底层）按钮。这样，板层就在顶层和底层来回切换，可以观察到顶层和底层覆铜的不同效果。图7-45所示为顶层覆铜后的PCB。

图7-45　顶层覆铜后的PCB

删除覆铜的操作方法和删除一般对象的方法一样，选中覆铜之后，按【Delete】键即可。

### 7.2.5　补泪滴

补泪滴就是在铜膜导线和焊盘交接的地方加宽铜膜导线。由于加宽的铜膜导线形状很像泪滴，故常称为补泪滴（Teardrops）。补泪滴的主要作用是增强电路板的强度。

补泪滴的操作比较简单，使用菜单命令【Tool】→【Teardrops】，系统会弹出【Teardrop Options】对话框，用来设置泪滴的属性，如图7-46所示。

（1）【General】区域

该区域中的各复选框用于设置补泪滴的范围，以及是否建立报告。

**All Pads**：对所有的焊盘都进行补泪滴操作。

All Vias：全部过孔，即对所有的过孔都进行补泪滴操作。

Selected Objects Only：仅对选定的对象进行补泪滴操作。

Force Teardrops：是否强制进行补泪滴操作。

（2）【Action】区域

该区域用于设置是添加还是删除泪滴。

（3）【Teardrop Style】区域

该区域用于设置要补泪滴的具体形状，有"圆弧"形和"导线"形两种泪滴形状。

图7-46 【Teardrop Options】对话框

补泪滴操作前与两种方式补泪滴后的效果如图7-47所示。

图7-47 补泪滴操作前后的效果

a）补泪滴前 b）"圆弧"形泪滴 c）"导线"形泪滴

## 7.2.6 添加安装孔

绝大多数情况下，为了便于装配、焊接、调试电路板，设计人员都需要为制作好的PCB添加安装孔。

在Protel DXP 2004系统中，并没有提供专门的命令来放置安装孔。一般情况下，使用放置焊盘命令来代替放置安装孔命令即可。也就是说，在需要放置安装孔的位置，设计人员只需要在【Mechanical】机械层上放置安装孔的位置处放置相应尺寸的焊盘即可，但需要适当修改焊盘的属性。

设置的方法是，将焊盘的坐标和半径设置为安装孔的坐标和半径大小，去掉焊盘的任何网络连接，通常代替安装孔的焊盘编号全部设置为0。

## 7.2.7 原理图与PCB的双向操作

在完成PCB的设计之后，有时出于设计的需要，还会对原理图或者电路板进行局部修改，同时也希望将修改后的情况反映到电路板或原理图中去，这就涉及到了由原理图更新PCB图，或者由PCB图更新原理图的双向更新的方法。Protel DXP 2004系统提供了实现这一操作的功能。

（1）由原理图更新 PCB 图

由原理图更新 PCB 就是对原理图进行局部的修改后更新 PCB 图。本节中以一个晶振电路的原理图和由这个原理图生成的相应 PCB 图为例，在设计过程中对原理图中晶振电路的 3 个元件的标识符进行修改将标识符由原来的 C1、C2、Y1 修改为 C5、C6、Y7，并将修改后的结果直接反映到 PCB 图上，具体步骤如下。

1）在原理图上修改电路中元件的 3 个标识符，标识符由原来的 C1、C2、Y1 修改为 C5、C6、Y7，并在原理图中保存修改后的结果，更新前的原理图和 PCB 图如图 7-48 所示。

图 7-48　更新前的原理图和 PCB 图

2）在原理图设计系统的窗口中执行【Design】→【Update PCB Document PCB2. PcbDoc】命令，将打开【Engineering Change Order】对话框，如图 7-49 所示。在【Engineering Change Order】对话框中列出了所有需要更改的内容。

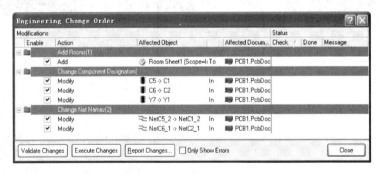

图 7-49　【Engineering Change Order】对话框

3）单击 Validate Changes 按钮，检查更新是否有效。如果所有的更新都有效，在【Status】栏中的【Check】列出现 ✓ 符号，否则出现 ✗ 符号。

4）如果没有问题，单击 Execute Changes 按钮，执行成功则会显示 ✓ 符号，说明实现了由原理图到 PCB 的更新。单击 ✓ 按钮关闭该对话框，完成 PCB 的更新。更新后的原理图和 PCB 图如图 7-50 所示。

（2）由 PCB 图更新原理图

在绘制 PCB 的过程中，有时也会对元件标识符等作一些调整。为了使原理图中的信息与 PCB 图保持一致，就需要执行从 PCB 向原理图更新的操作。本节依然采用上一个晶振电路的原理图和由这个原理图生成的 PCB 图为例，希望 PCB 图改变之后直接更新相应的原理

图 7-50　更新后的原理图和相应的 PCB 图

图文件。在设计过程中对 PCB 图中的晶振电路的 3 个元件的标识符进行修改，标识符由原来的 C5、C6、Y7 修改为 C10、C11、Y12，并将修改后的结果直接反映到原理图上，具体步骤如下。

1）在 PCB 图上修改电路中元件的 3 个标识符为 C10、C11、Y12，并保存修改后的结果。

2）在 PCB 设计系统的窗口中执行【Design】→【Update Schematics in PCB _ Project1. PrjPCB】命令，将打开【Engineering Change Order】对话框。在【Engineering Change Order】对话框中列出了所有需要更改的内容。

3）依次单击【Engineering Change Order】对话框中的 Validate Changes 按钮和 Execute Changes 按钮，在【Status】栏中的【Check】列和【Done】列全部出现 ✓ 符号，表示执行成功，如图 7-51 所示。

图 7-51　【Engineering Change Order】对话框

4）单击 Close 按钮关闭该对话框，则 PCB 图中的变化更新到原理图中。更新后的 PCB 图和原理图如图 7-52 所示。

图 7-52　更新后的 PCB 图和原理图

## 7.3 PCB设计实例——双面板自动布线

本节将通过一个实例介绍由原理图生成 PCB 的全部过程。实例中使用的原理图为第 4 章中介绍的层次原理图电路"单片机应用电路"。由于在前面的章节中已经很详细地介绍了各种 PCB 编辑、操作的方法，因此在本节中对某些 PCB 的操作方法不再详细介绍。

### 7.3.1 准备工作

在 D 盘的"Chapter 7"文件夹下新建一个名为"单片机应用电路"的文件夹，将第 4 章中经过编译的 PCB 项目"单片机应用电路.PrjPCB"及 4 个原理图文件"单片机应用电路.SchDoc"、"单片机系统电路.SchDoc"、"扩展显示及键盘.SchDoc"、"扩展存储器电路.SchDoc"全部保存在该文件夹下。

启动 Protel DXP 2004，进入 Protel DXP 2004 的编辑界面，加载 PCB 项目"单片机应用电路.PrjPCB"。

### 7.3.2 在项目中新建 PCB 文件

本例中采用"PCB 生成向导"新建一个名为"单片机应用电路"的 PCB 文件，在"PCB 文件生成向导"中设置 PCB 的各个参数，具体包括：该 PCB 为双面板，PCB 形状为矩形，电气边界设置为 5900mil × 4100mil（高×宽）；PCB 上大多数元件为通孔直插式元件；要求两个焊盘之间的导线数为一条；最小导线尺寸为 10mil，最小过孔的内外径分别为 28mil 和 50mil，最小安全间距为 8mil，其余采用默认设置。

通过"PCB 文件生成向导"生成 PCB 文件的方法如下。

1）在 Protel DXP 2004 设计系统的主界面上，单击主界面右下角工作面板区的【System】标签，选择其中的【File】选项，则会弹出【File】工作面板。单击【File】工作面板中【PCB Board Wizard】选择项，弹出【PCB Board Wizard】生成向导对话框，按照生成向导的步骤，根据 PCB 的要求依次设置该 PCB 的参数。

2）采用"PCB Board Wizard"生成的 PCB 文件属于自由文档，如图 7-53 所示，用鼠标左键单击该文件，并将它拖到"单片机应用电路"项目下，在新建的 PCB 文件上单击鼠标右键，将其保存在路径"D：\chapter7\单片机应用电路"下，并更名为"单片机应用电路.PcbDoc"。

### 7.3.3 将设计导入到 PCB

1）在 PCB 设计系统的窗口中执行【Design】→【Update Schematics in PCB _ Project1.PrjPCB】命令，打开

图 7-53 【Projects】工作面板

【Engineering Change Order】对话框，依次单击【Engineering Change Order】对话框中的 Validate Changes 按钮和 Execute Changes 按钮。应用更新后的【Engineering Change Order】对话框如图7-54所示。

图7-54 应用更新后的【Engineering Change Order】对话框

2）单击【Engineering Change Order】对话框中的 Close 按钮，关闭该对话框。至此，原理图中的元件和网络表就导入到 PCB 中了。图7-55 所示为 PCB 工作区的内容。

图7-55 PCB 工作区内容

### 7.3.4　元件布局

本例中使用的是层次原理图电路，包括 3 个子原理图，因此从原理图更新到 PCB 后，在 PCB 编辑器的工作区中包括 3 个 room 框。每一个 room 框中包括一个子原理图电路中的所有元件。为了方便元件布局，先将该 room 框删除。单击 PCB 图中的元件，按照图 7-56 所示将各个元件一一拖放到 PCB 中的"Keep-Out"区域内。本例中要求所有元件处于顶层，布置完成后的 PCB 如图 7-56 所示。

图 7-56　布置完成后的 PCB

### 7.3.5　设置网络类

在对电路板进行自动布线之前，需要对电路板布线规则进行设计。为了快速设置布线规则，先将具有相似属性的网络归为一类，即设置网络类。本例中，要求建立一个名为"POWER"的网络类，将所有的电源网络和地线网络归为"POWER"网络类中。本例中，"POWER"网络类中包含电源网络"VCC"以及"GND"网络。

1）在 PCB 编辑器的主菜单上执行菜单命令【Design】→【Classes】，即可进入【Object Class Explorer】对话框。

2）在【Net Classes】（网络类）项上单击鼠标右键，选择右键菜单中的【Add Classes】项，产生一个新的"网络类"，将其重命名为"POWER"。

3）将【Non Members】列表区中的网络"VCC"和"VDD"以及"GND"网络添加到【Members】列表区中，即可完成对新的"POWER"网络类的添加。

4）关闭该对话框即可完成网络类设置，如图7-57所示。

图 7-57　网络类的设置

## 7.3.6　设置电路板布线规则

在本例中只对 PCB 中的导线宽度规则进行设置，其他均采用系统默认值。使用规则中的布线规则分别设置 PCB 中 "POWER" 网络类的导线宽度为 40mil，信号线宽度为 10mil，如图 7-58 所示。

图 7-58　设置 "POWER" 网络类的布线规则

## 7.3.7　自动布线

本例中设置顶层布线为水平方向，底层布线为垂直方向。

1）执行菜单命令【Auto Route】→【All】，执行该命令后，系统弹出如图7-59所示的自动布线器策略对话框。

2）单击 Edit Layer Directions... 按钮，系统弹出如图7-60所示的【Layer Directions】对话框。在此可以选择自动布线时按层布线的布线方向。本例中PCB为双面板，只有顶层和底层，因

图 7-59　布线策略的选择

图 7-60　编辑方向对话框

此选择顶层为水平布线（Horizontal），底层为垂直布线（Vertical）。

3）单击 Route All 按钮，开始自动布线，自动布线后的 PCB 图如图 7-61 所示。

图 7-61　自动布线生成的 PCB 图

## 7.3.8　手动调整自动布线

观察自动布线的结果，由于元件布局比较合理，Protel DXP 2004 自动布线效果还是比较不错的，但是有些导线布置得可能不合理，所以还要对自动布线的结果进行手动调整。

## 7.3.9　对地线覆铜

对自动布线后的 PCB 的地线网络进行覆铜操作：

1）单击【Wiring】工具栏中的放置覆铜按钮■，系统将会弹出【Polygon Pour】对话框。

2）本例中分别在"Bottm layer"层和"Top layer"层覆铜。覆铜的属性设置为：采用实心填充模式，覆铜与"GND"网络连接，选择【Pour Over All Same Net Objects】选项，并确认选中【Remove Dead Copper】选项。

3）本例中，覆铜的区域与 PCB 的电气边界设为一致，在电路板上画一个封闭多边形，将整个电路板包含进去。

对电路板覆铜后的效果如图 7-62 所示。

图 7-62　顶层覆铜后的电路板

### 7.3.10　DRC 检查

DRC 检查操作：

1）执行菜单命令【Tools】→【Design Rule Check】，打开设计规则检查对话框，如图7-63所示。

图 7-63　【Design Rule Checker】对话框

2）执行命令按钮　Run Design Rule Check...　，即可对设计的 PCB 进行 DRC 检查。

设计规则测试结束后，系统自动生成"单片机应用电路.DRC"文件，查看检查报告，系统设计中不存在违反设计规则的问题，系统布线成功。图 7-64 所示为 DRC 检查报告网页。

图 7-64　检查报告网页

### 7.3.11　保存文件

单击保存工具按钮 ，保存 PCB 文件到指定目录 "D：\ Chapter 7 \ 单片机应用电路" 下。

## 7.4　思考与练习

1. PCB 布线手动调整的作用是什么？
2. PCB 覆铜有什么好处？
3. DRC 校验的作用是什么？
4. 练习建立一个 PCB 项目 "MyProject_7A. PrjPCB"，项目中包含原理图文件 "MySheet_7A. SchDoc" 和 PCB 文件 "MyPcb_7A. PcbDoc"。按照图 7-65 给出电路原理图和 PCB 元件

图 7-65　电路原理图和 PCB 元件布局图

布局，练习 PCB 手动布局、自动布线，要求在布线规则中设置电源线宽度和地线宽度均为 40mil，电路板上其他导线宽度设置为 10mil。绘制完成后将项目和文件全部保存到目录"D：\Chapter7\MyProject"中。

5. 练习建立一个 PCB 项目"MyProject_7B. PrjPCB"，项目中包含原理图文件"MySheet_7B. SchDoc"和 PCB 文件 MyPcb_7B. PcbDoc"。按照图 7-66 给出电路原理图和 PCB 图，练习 PCB 手动布局、自动布线和手动调整，要求 PCB 顶层水平布线，底层垂直布线。操作过程中要求建立一个名为"POWER"的网络类，网络类中包含电源线和地线，线宽设置为 30mil，电路板上其他导线宽度设置为 8mil。绘制完成后将项目和文件全部保存到目录"D：\Chapter7\MyProject"中。

图 7-66　电路原理图和 PCB 图

6. 练习建立一个名为"MyProject_7C. PrjPCB"的 PCB 项目，项目中包含原理图文件"MySheet_7C. SchDoc"和 PCB 文件 MyPcb_7C. PcbDoc"。按照图 7-67 给出电路原理图和 PCB 图，练习 PCB 手动布局、自动布线和手动调整，要求建立一个名为"POWER"的网络类，网络类中包含电源线和地线，线宽设置为 40mil，电路板上其他导线宽度设置为 8mil。PCB 绘制完成后要求执行 DRC 检查，根据 DRC 报告文件观察所有设计规则的检查情况，最后将项目和文件全部保存到目录"D：\Chapter7\MyProject"中。

7. 建立一个名为"MyProject_7D. PrjPCB"的 PCB 项目，项目中包含原理图文件"My-Sheet_7D. SchDoc"和 PCB 文件 MyPcb_7D. PcbDoc"。按照图 7-68 给出电路原理图和 PCB 图，练习 PCB 手动布局、自动布线，要求 PCB 电气尺寸为 1700×1600（高×宽）顶层垂直

图 7-67　电路原理图和 PCB 图

布线，底层水平布线，在布线规则中设置电源线和地线宽度为 40mil，电路板上其他导线宽度设置为 10mil。绘制完成后对 PCB 进行 DRC 检查和覆铜操作，最后将项目和文件全部保存到目录 "D：\Chapter7\MyProject" 中。

8. 建立一个名为 "MyProject_7E. PrjPCB" 的 PCB 项目，项目中包含原理图文件 "My-Sheet_7E. SchDoc" 和 PCB 文件 MyPcb_7E. PcbDoc"。按照图 7-69 给出电路原理图和 PCB 图，练习 PCB 手动布局、自动布线、手动调整，要求 PCB 顶层垂直布线，底层水平布线，在布线规则中设置电源线和地线宽度为 40mil，电路板上其他导线宽度设置为 10mil。绘制完成后执行 DRC 检查并输出 PCB 元件报表，最后将项目和所有文件全部保存到目录 "D：\Chapter7\MyProject" 中。

图 7-68　电路原理图和 PCB 图

图 7-69 电路原理图和 PCB 板图

本章要点

1. PCB 设计规则。

2. PCB 设计过程中的常用技巧。

3. 自动布线。

第8章

# 元件原理图库、PCB元件封装库和集成元件库

元件原理图库、PCB元件封装库和集成元件库

元件原理图库
├─ 界面
│  ├─ 编辑器
│  ├─【Sch Library】工作面板
│  └─ 图纸属性
├─ 基本操作
│  ├─ 制作新的原理图元件
│  ├─ 原理图元件属性
│  ├─ 原理图元件引脚属性
│  └─ 添加新元件
└─ 高级技巧
   ├─ 利用模式管理器添加元件封装
   ├─ 带有子元件的原理图元件设计
   ├─ 复制已有原理图元件
   ├─ 由原理图生成元件原理图库
   └─ 由原理图库更新原理图中元件

PCB元件封装库
├─ 界面
│  ├─ 编辑器
│  ├─ 图纸属性
│  └─ PCB Library 工作面板
├─ 绘制元件封装
│  ├─ 利用封装向导自动绘制元件封装
│  └─ 手动绘制元件封装
└─ 高级技巧
   ├─ 复制已有元件封装
   ├─ 由 PCB 图生成 PCB 元件封装库
   └─ 由 PCB 元件封装库更新 PCB 中的元件封装

创建集成元件库

虽然 Protel DXP 2004 设计系统已经提供了非常多的元件库，但任何一个 EDA 软件都不可能包含世界上所有的元件库，并且软件自带的元件模型也有可能不符合设计人员的需要。因此，对于元件库中没有的原理图元件和元件封装，设计人员需要使用 Protel DXP 2004 设计系统提供的库文件编辑器来自行创建元件库。本章将介绍如何创建自定义的元件原理图库、PCB 元件封装库和集成元件库的方法。

# 8.1 元件原理图库

元件原理图库，其文件扩展名为 ".SchLib"。原理图元件是实际元件的电气图形符号，包括原理图元件的外形和元件引脚两个部分。外形部分不具有任何电气特性，对其大小没有严格的规定，和实际元件的大小没有什么对应关系。引脚部分的电气特性则需要考虑实际元件引脚特性进行定义，原理图元件的引脚编号和实际元件对应的引脚编号必须是一致的，但是在绘制原理图元件时，其引脚排列顺序可以与实际的元件引脚排列顺序有所区别。

## 8.1.1 元件原理图库编辑器

元件原理图库编辑器的界面和原理图编辑器界面基本相同，操作方法也类似，只是有一些特定的工具栏用于编辑元件原理图库文件。

元件原理图库编辑器的工具栏包括【Sch Lib Standard】、【Navigation】、【Mode】、【Utilities】4 个工具栏，如图 8-1 所示。可以根据需要选择显示或隐藏这些工具栏。

图 8-1 元件原理图库的工具栏

下面介绍最常用的两个工具栏：【Sch Lib Standard】工具栏和【Utilities】工具栏 。

（1）【Sch Lib Standard】工具栏

该工具栏中大部分的工具按钮与原理图编辑器下的工具栏功能相同，包括对文件的操作、对视图的操作等。

（2）【Utilities】工具栏

该工具栏主要提供在元件原理图库编辑环境中放置不同对象的操作工具栏，包括 IEEE 符号工具栏、绘图工具栏、网络工具栏以及模式管理器。在工具栏中单击各个按钮，会弹出对应的工具栏，如图 8-2 所示。

在 Protel DXP 2004 设计系统中，通过新建元件原理图库文件来启动元件原理图库编辑器，具体操作步骤如下。

1）在 Protel DXP 2004 设计系统的主界面上执行菜单命令【Files】→【New】→【Library】→【Schematic Library】，此时将会启动元件原理图库编辑器，同时弹出【Projects】工作面板，从【Projects】工作面板上可以发现系统自动生成一个名为 "SchLib1.SchLib" 的原理图库文

图 8-2 【Utilities】工具栏中各按钮对应的工具栏

a) IEEE 符号工具栏　b) 绘图工具栏　c) 网络工具栏

件。这时的原理图库编辑器窗口如图 8-3 所示。

图 8-3　元件原理图库编辑器

2）执行菜单命令【File】→【Save】，保存元件原理图库
文件到"D：\chapter8\MyLib"中。

3）执行菜单命令【View】→【WorkSpace Panels】→
【SCH】→【SCH Library】，在工作区面板中打开【SCH Li-
brary】工作面板，如图 8-4 所示。

完成以上步骤后，一个名为"SchLib1.SchLib"的空白
元件原理图库文件即创建完毕。

### 8.1.2　【SCH Library】工作面板

在元件原理图编辑器的【SCH Library】工作面板中，
设计人员可对元件原理图库中的元件进行管理，例如执行新
建、编辑、复制、粘贴、删除原理图元件等操作。

单击元件原理图编辑器界面右下角工作面板区的
【SCH】标签，选择其中的【SCH Library】子菜单，系统将
弹出如图 8-5 所示的【SCH Library】工作面板。

在 Protel DXP 2004 设计系统中，【SCH Library】工作面
板中包括 4 个区域：元件列表区域、别名列表区域、引脚列

图 8-4　【SCH Library】工作面板

表区域和模型列表区域。

（1）元件列表区域

元件列表区域的功能是用来管理当前打开的元件原理图库中的所有元件，它包括一个元件列表和4个功能按钮。

元件列表：用来列出当前打开的元件原理图库文件中的所有元件信息。

Place 按钮：用来将元件列表中选中的元件放置到当前打开的电路原理图中。

Add 按钮：用来将新建的原理图元件添加到当前的元件原理图库文件中。

Delete 按钮：用来将元件列表中已选中的元件删除。

Edit 按钮：用来对元件列表中选中的元件进行编辑。

图8-5 【SCH Library】工作面板

（2）别名列表区域

别名列表区域的功能是用来对元件列表中选中元件的别名进行管理，它包括一个别名列表和3个功能按钮。别名列表用来列出在元件列表中选中元件的所有别名信息。

（3）引脚列表区域

引脚列表区域的功能是用来对元件列表中选中元件的引脚信息进行管理，它包括一个引脚列表和3个功能按钮。引脚列表用来列出在元件列表中选中元件的所有引脚信息。

（4）模型列表区域

模型列表区域的功能是用来对元件列表中选中元件的一些模型信息进行管理，它包括一个模型列表和3个功能列表按钮。模型列表用来列出在元件列表中选中元件的所有模型信息。

## 8.1.3 元件原理图库的图纸属性

在元件原理图库编辑器中，对元件原理图库图纸属性设置的具体步骤如下。

1）在元件原理图库编辑环境下单击鼠标右键，在右键菜单的【Options】中选择【Document Options】如图8-6所示。

2）鼠标左键单击【Document Options】后，弹出的元件原理图库图纸属性设置对话框，如图8-7所示。

该对话框包括【Library Editor Options】（库编辑器）和【Units】（单位）两个选项卡，用来设置元件原理图库图纸属性。

（1）【Option】区域

【Style】选项：【Standard】标准型标题栏和【ANSI】美国国家标准协会标题栏。

【Size】选项：单击下拉列表框的下拉按钮，可以看到系统提供的各种图纸尺寸。其中，公制尺寸有A0、A1、A2、A3、A4；英制尺寸有A、B、C、D、E等。

图 8-6　在原理图库编辑器窗口下打开图纸属性对话框

图 8-7　原理图库图纸属性设置对话框

【Orientation】选项：【Landscape】选项表示图纸为水平放置；【Portrait】选项表示图纸为垂直放置。

【Show Hidden Pins】选项：选中该选项可将自定义的元件的所有隐藏的引脚都显示出来，这个选项比较常用。

（2）【Color 区域】

该区域用来修改边界颜色和工作区颜色。

（3）【Grids】区域

【Snap】复选框：复选项右边文本框中的数值可改变放置组件每次移动的距离；

【Visible】复选框：复选项右边文本框中的数值表示网格显示精度。

3）单击元件原理图库图纸属性设置对话框中的【Units】标签，打开【Units】选项卡，选择使用英制单位系统中的【mils】选项，如图8-8所示。

在自定义元件的时候，一般经常使用的是英制单位。这里有一点需要注意：在平时的使用过程中，一般会常用英制单位的两个选项【mils】和【Dxp Defaults】，一定要注意在制作

图 8-8　单位选项

元件的时候【Dxp Defaults】选项是无单位的，它在数值上等于 10mil。必须注意它和【mils】选项的换算关系，否则将会出现绘制的元件过大的现象。

## 8.2　元件原理图库的基本操作

一般制作一个新的元件的具体步骤包括：打开元件原理图库编辑器，创建一个新元件，绘制元件外形，放置引脚，设置引脚属性，设置元件属性，追加元件的封装模型等步骤。

### 8.2.1　制作新的原理图元件

在本节中，以 PHILIPS 公司的 P89C52X2BN 芯片为例，介绍制作原理图元件的方法和步骤。该芯片可以在 Protel DXP 安装路径下的 PHILIPS 公司 Philips Microcontroller 8-Bit. IntLib 集成元件库中搜索到。图 8-9 和图 8-10 为 PHILIPS 公司库中 P89C52X2BN 芯片的原理图元件示意图以及实际芯片图。

在制作原理图元件之前，首先创建一个新的元件原理图库文件，在新建的元件原理图库中就已经自动生成一个新的元件"COMPONENT_1"。下面就以对该元件的编辑为例，介绍其具体的设计步骤。

1）在 Protel DXP 2004 设计系统的主界面上执行菜单命令【File】→【New】→【Library】→【Schematic Library】，此时将会自动启动元件原理图库文件编辑器，并且一个文件名称为"Schlib1. SchLib"的空白元件原理图库文件将会出现在元件原理图库文件编辑器的设计工作平面上。这时的编辑器窗口如图 8-11 所示。

2）在【Projects】工作面板中新建的"Schlib1. SchLib"原理图库上单击鼠标右键，将文件保存到指定目录下，如"D：\chapter8\MyLib"中。

3）注意，此时需要配合打开【SCH Library】工作面板。从【SCH Library】工作面板可以看到，一个默认名为"COMPONENT_1"的元件符号出现在【SCH Library】工作面板上，这说明目前的"Schlib1. SchLib"元件原理图库中只有一个默认名为"COMPONENT_1"的元件。此时元件符号"COMPONENT_1"呈高亮蓝色状态，说明现在是在对该元件进行

图 8-9    P89C52X2BN 芯片原理图                       图 8-10    P89C52X2BN 芯片

图 8-11    原理图库文件编辑器

设计。

4）按住【Ctrl + Home】键，使光标跳到图纸的坐标原点。一般在坐标原点附近开始原理图元件的设计过程。

5）绘制元件的外形，也就是在原理图中看到的元件的轮廓，它不具有电气特性，因此要采用非电气绘图工具来绘制。单击【Place】→【Rectangle】，在图纸的坐标原点处开始放置一个矩形。可根据设计需要，适当调节矩形尺寸，如图 8-12 所示。

6）在绘制了元件的外形后，接下来需要为该元件添加相应的引脚。元件引脚就是元件与导线或其他元件之间相连接的地方，是绘制自定义元件中具有电气属性的地方。执行菜单命令【Place】→【Pins】，在实际的操作中经常使用快捷键【P + P】来启动引脚放置命令。

图 8-12 绘制元件外形

这时引脚出现在光标上，并且随着光标移动。注意，与光标相连的一端是与其他元件或导线相接的电气热点端。注意，元件引脚的电气热点端必须放置在元件轮廓图的外面。

7）在引脚处于浮动状态下按【Tab】键设置引脚的有关属性，按【Tab】键后弹出【Pin Properties】对话框。【Pin Properties】对话框如图 8-13 所示，在【Display Name】文本框中输入该引脚的名称，在【Designator】文本框中输入唯一确定的引脚编号。如果希望在原理图图纸上放置元件时引脚名及编号可见，勾选文本框后的【Visible】复选框。在本节中对引脚属性采用最基本的设置，只设置引脚的名称和编号，对引脚属性的详细设置请参考后面章节。

8）对第一个引脚的基本设置完成后，移动光标到矩形边框上，按照 P89C52X2BN 芯片的原理图元件示意图第一个引脚所在的位置，单击鼠标左键放置第一个引脚。注意，引脚上的电气热点一定要向外。

9）放置完第一个引脚后，光标上又出现一

图 8-13 【Pin Properties】对话框

个新的引脚，在保持系统的默认状态下，引脚的编号会自动加 1，因此设计人员可以按照相同的方法，继续放置元件所需要的其他引脚，并确认引脚的名称、编号正确无误。注意，在实际的设计过程中，每个引脚的位置也可以根据设计人员的需要自行调整。

10）绘制完元件符号的外形和引脚之后，应该设置元件的属性，在【SCH Library】工作面板单击鼠标左键选中元件符号"COMPONENT_1"，然后单击 Edit 按钮，打开【Library Component Properties】对话框，如图 8-14 所示。在【Library Component Properties】对话框中，【Default Designator】文本框用来设置元件序号，此处设置为 U?，【Comment】输入栏用来输入一个简化的元件名称，这里设置为"89c52"，【Library Ref】文本框用来输入自定义

图 8-14  原理图库元件属性对话框

元件的全名，此处设置为"P89c52x2bn"。在本节中对元件的属性仍采用最基本的设置，详细的设置过程请参考以下章节。

11）对设计的元件进行保存。在【Projects】工作面板中"Schlib1. SchLib"元件原理图库上单击鼠标右键选择保存命令，保存该原理图库文件。

## 8.2.2  原理图元件属性

每一个元件都有相对应的属性，例如默认的标识符、PCB 封装和其他的模型以及参数。设置元件属性的详细步骤如下。

1）从【SCH Library】工作面板的元件列表中选择需要设置属性的元件，然后单击 Add 按钮，弹出【Library Component Properties】对话框。

2）【Default Designator】文本框中用来设置元件标号，例如：芯片标号通常设置为 U？，电阻标号设置为 R？，电容标号设置为 C？，电感标号设置为 L？，晶体管标号通常设置为 Q？，等等，这里的问号将使得自定义的元件在原理图中放置时，可以使用原理图中的自动注释功能，即元件标识符的数字会以自动增量改变，如 U1，U2，U3 等。这里，P89c52x2bn 芯片属于 MCU 芯片，因此此处设置为 U？，并确定【Visible】复选框被选中，那么元件序号将在原理图中显示；如果不选中复选框，那么元件序号将不在原理图中显示出来。

3）【Comment】输入栏用来输入一个简化的元件名称，这里设置为"89c52"。同时，在它的右边也有一个"可视"的复选框，如果选中该复选框，那么元件注释将在原理图中显示。

4）【Library Ref】文本框中是自定义元件的全名，此处设置为"P89c52x2bn"。

5）【Description】文本框中用来对元件进行简单描述，以便元件的使用者知道芯片的类型和功能，这里根据 P89c52x2bn 芯片的性质将【Description】文本框中的内容设置为"8bit MCU"。【Description】文本框中的目的是为了增加元件属性的可读性，这一项不是必需的。

6）在【Parameters for Component_1】区域中输入该元件的一些基本设计信息，如元件的设计时间、设计公司等。单击该区域的 OK 按钮，弹出如图 8-15 所示的【Parameter

图 8-15 【Parameter Properties】对话框

Properties】对话框，在本例中添加该芯片的设计日期，在【Name】文本框中输入"Pub-
lished"，在【Value】文本框中输入"21-May-2003"，单击 OK 按钮返回【Library Com-
ponent Properties】对话框。

7）在【Models for Component_1】区域中可以添加自定义元件的各种模型，包括封装模
型、信号分析模型和仿真模型等。在元件模型列表的底部有 3 个按钮，它们分别用来对元
件的模型信息进行添加、移除和编辑操作。本例中，只对元件封装进行设置。单击
【Models for Component_1】区域中的 Add 按钮，弹出【Add New Model】对话框，如图
8-16 所示。

8）单击下拉按钮，从弹出的选项中选择【Footprint】选项，如图 8-17 所示。

图 8-16 【Add New Model】对话框

图 8-17 选择"Footprint"选项

9）单击 OK 按钮，系统自动弹出【PCB Model】对话框，如图 8-18 所示。

10）在系统弹出的【PCB Model】对话框中，设计人员可以进行元件封装的设置。单击
【PCB Model】对话框中的 Browse... 按钮，弹出【Browse Libraries】对话框，如图 8-19 所示。

11）在 PHILIPS 公司库中 P89C52X2BN 芯片封装为"SOT129-1"，因此，本例中自定义
元件的封装也采用"SOT129-1"封装。在【Browse Libraries】对话框中单击 Find... 按钮，
弹出【Libraries Search】对话框，在【Libraries Search】对话框的空白输入栏内输入
"SOT129"，单击 Search... 按钮，系统会自动搜索名称中包含"SOT129"的封装。

注意：一是在查找封装时，如果出现封装名称中带有短杠"-"，为了避免查询不到该

封装，那么查找的时候不要带上"－"及后面的字母或数字；二是查找封装时，一定注意路径是否设置正确。在【Libraries Search】对话框中的路径范围有两个，一个是【Available Libraries】，另一个是【Libraries on path】，要求选择【Libraries on path】，并注意路径是否设置正确，即应该是系统中 DXP 软件安装库所在的路径。

12）如图 8-20 所示，在【Browse Libraries】对话框中查询到了封装"SOT129-1"，选择该封装，并单击 OK 按钮，回到【PCB Model】对话框，再单击 OK 按钮，返回【Library Component Properties】对话框，予以确认并关闭该对话框即完成了原理图元件属性的设置。设置好的【Library Component Properties】对话框如图 8-21 所示。

图 8-18 【PCB Model】对话框

图 8-19 【Browse Libraries】对话框

图 8-20 【Browse Libraries】对话框

## 8.2.3 原理图元件引脚属性

原理图元件引脚属性对话框如图 8-22 所示。

图 8-21 设置完成后的原理图库元件属性对话框

图 8-22 【Pin Properties】对话框

1）在前一节已经指出，【Display Name】文本框中要求输入引脚的名称。这里注意，在本例中，类似 29、31 等引脚的名称上有表示低电平有效的标志"PSEN"，"EA"，想输入具有这样特性的引脚名称，则需要在引脚名称的每一个字母后都加右斜杠"\"，例如 31 引脚名称为"EA/VPP"，则在【Display Name】文本框中输入："E\A\/VPP"。

2）在【Designator】文本框中输入唯一确定的引脚编号。注意，在 DXP 的优先选项中的【Schematic】选项卡的【general】选项中，【Auto-increasement During Placement】区域中的【Primary】输入栏系统默认设置为"1"，【次增量】输入栏系统默认设置也是"1"。这里【Primary】与引脚的编号相对应，【Secondary】与引脚的名称相对应。如果采用系统默认设置，则每次放置引脚时引脚标号会自动加 1，如果引脚名称最后一位也是数字，则再次放置引脚时，下一个引脚名称的最后一位也会自动加 1。以此类推，如果【Primary】输入栏是"-1"，【Secondary】输入栏也是"-1"，则每次下一个引脚的标号和名称的最后一位数字会自动减 1；如果引脚名称的最后一位是字母，则在【Secondary】输入栏输入字母"a"或"-a"，同样引脚的名称也会处于默认递增或递减的状态。

**注意**：如果引脚名称类似"P1.0"，即引脚名称最后一位虽然为数字，但是前面有一个小数点，这样，即使【次增量】输入栏还是"1"，那么每次放置引脚时，引脚名称的最后一位数字也不会处于递增状态。

3）【Electrical Type】下拉列表用来选择设置引脚电气连接的电气类型。当编译项目进行电气规则检查时以及分析一个原理图文件检查器电气配线错误时会用到这个引脚电气类型。例如，【Input】为输入端口，【Output】为输出端口，【IO】为输入/输出端口，【Passive】为无源端口，【HIZ】为高阻，【Power】为电源端口。在本例中，引脚 9、19 等类型为【Input】类型；18、29 等类型为【Output】类型；1、2 等类型的引脚为【IO】类型。作为初学者，一般建议所有的引脚电气类型全部设置为【Passive】类型，以避免原理图编译时产生警告。

4）【Description】文本框可以对每个引脚作简单描述。

5）如果希望隐藏元件中的某个引脚，例如"电源"引脚和"地"引脚，选中【Pin Properties】对话框中的【Hide】复选框。如果希望这些隐藏的引脚连接到电路原理图中的某个网络，则在复选框后的输入栏中输入网络的名称，此时这些隐藏引脚会自动地连接到原理图中的网络。例如，【Hide】复选框后面的输入栏中为"VCC"时，隐藏的引脚会自动连接到电路原理图中的"VCC"网络。但须注意，如果电路原理图中电源网络名称为其他的名字，如"AVCC"，该隐藏引脚就不能自动识别不同名称的电源网络。

6）在图形区域的【Length】文本框中设置引脚的长度。本例中，设置元件中所有的引脚长度均为20mil。

7）当引脚出现在光标上时，按下空格键可以以90度为增量旋转调整引脚方向。记住，引脚上只有一端是电气连接点，必须将这一端放置在元件实体外侧，非电气端有一个引脚名称靠着它。

### 8.2.4　向元件原理图库中添加新元件

新建的元件原理图库中默认包含了一个空的元件，由前面几节讲的内容，可以直接对该元件进行编辑。当然，对于一个元件原理图库来说，通常不可能只包含一个元件，所以可以继续向原理图元件库中添加更多元件。具体操作步骤如下。

1）单击元件原理图编辑器界面右下角工作面板区的【SCH】标签，选择其中的【SCH Library】子菜单，系统将弹出【SCH Library】工作面板。

2）单击【SCH Library】工作面板中元件列表区域中的 Add 按钮，将弹出如图 8-23 所示的【New Component Name】对话框，设计人员根据设计需要可以为该元件在这个对话框中重新命名，如 newNPN，输入名称后，单击 OK 按钮即可完成新元件的添加。添加

图 8-23　【New Component Name】对话框　　　图 8-24　添加新元件后的【SCH Library】工作面板

新元件后的【Sch Library】工作面板如图 8-24 所示。

采用类似的操作，设计人员还可以删除库中已有元件的操作。

## 8.3 元件原理图库操作的高级技巧

### 8.3.1 利用模式管理器添加元件封装

给原理图库元件添加相应的封装主要有两种方法，第一种方法是利用【SCH Library】工作面板中的【Library Component Properties】对话框来添加元件封装；第二种方法是利用模式管理器来添加元件封装。这两种方法都经常使用，相比较来说，第二种方法应用较为快捷。

假设元件原理图库中已绘制好一个元件 P89c52x2bn，现在利用模式管理器为该元件添加封装，具体的操作步骤如下。

1）在元件原理图库编辑环境下，单击【Utilities】工具栏中的 按钮，即模式管理器，出现【Model Manager】对话框，如图 8-25 所示。

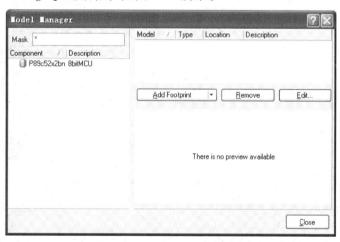

图 8-25 【Model Manager】对话框

2）单击鼠标左键选择对话框左侧【Component】区域中的元件 P89c52x2bn，然后再单击对话框右侧区域中的 Add Footprint 按钮，即可弹出【PCB Model】对话框，如图 8-26 所示。

3）在【PCB Model】对话框的【Footprint Model】区域中单击 Browse... 按钮，弹出如图 8-27 所示的【Browse Libraries】对话框。

4）单击【Browse Libraries】对话框中的 Find... 按钮，在弹出的【Libraries Search】对话框中输入封装名称，元件封装还是要求设置为 "SOT129-1"，这里按照前面章节介绍的内容，应该只在【Libraries Search】对话框中输入字符 "SOT129"，如图 8-28 所示，单击 Search... 按钮，系统就会寻找所需的封装。

5）找到封装后，系统返回【Browse Libraries】对话框，如图 8-29 所示。在该对话框中

图 8-26 【PCB Model】对话框

图 8-27 查找元件封装

图 8-28 【Libraries Search】对话框

图 8-29 找到封装 SOT129-1

单击选择该封装，再单击【Browse Libraries】对话框上的 OK 按钮。如果该元件的库在系统启动时没有加载，则在单击【Browse Libraries】对话框上的 OK 按钮后系统会出现一个提示对话框，提示需要加载相应的集成元件库，如图 8-30 所示。

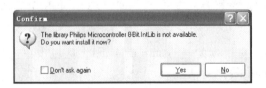

图 8-30 加载库的提示对话框

6）单击提示对话框中的 Yes 按钮，返回到【PCB Model】对话框下，再单击对话框中的 OK 按钮，则元件封装"SOT129-1"就与单片机芯片 P89c52x2bn 连接到一起，如图 8-31 所示。

## 8.3.2 带有子元件的原理图元件设计

在绘制多引脚的复杂元件时，可以根据元件的使用说明书，按照元件引脚的类型或功能，对元件的引脚进行分类，将属于同一类型或功能的引脚放到一起，这样在使用该元件绘制原理图时，就可以方便连线，也便于检查和修改。

本节中还是以器件 P89c52x2bn 为例，按照元件引脚的功能将该元件的引脚分成 3 部分，其中 P0、P1、P2 口为第一部分，P3 口为第二个部分，其余的引脚划分为第三部分。这样在绘制原理图元件时，该元件就被分成 3 部分，即包括 3 个子元件，绘制时对该元件每一个子元件分别绘制独立的元件原理图即可。具体设计步骤如下。

图 8-31　添加了封装的
【PCB Model】对话框

1）在 Protel DXP 2004 设计系统的主界面上执行菜单命令【File】→【New】→【Library】→【Schematic Library】，此时将会自动启动原理图库文件编辑器。

2）在【Projects】工作面板中新建的 SCH 原理图库文件上单击鼠标右键，将文件保存到指定目录下 "D：\chapter8\MyLib" 中。

3）打开【SCH Library】工作面板，对该元件的属性进行编辑。

4）按住【Ctrl + Home】键，使光标跳到图纸的坐标原点。

5）执行菜单命令【Tool】→【New Component】，此时可见【SCH Library】工作面板上的元件 P89c52x2bn 前面出现 "＋" 号，单击该 "＋" 号，可见此时元件被拆分成两个部分，再次执行菜单命令【Tool】→【New Component】，则该元件被分成 3 部分，如图 8-32 所示。

图 8-32　分成 3 部分的元件 P89c52x2bn

6）分别选中【SCH Library】工作面板上的元件 P89c52x2bn 中的 Part A、Part B、Part C，对每一部分分别进行设计。在对每一部分分别设计时，实际上和前面所讲的制作一个新的元件所采用的步骤是相同的，即可以在每个部分上分别放置一个矩形与相应部分的引脚，并对引脚属性进行相应的设置。

7）设计好的结果如图 8-33 所示。

8）最后对设计的元件进行保存。

## 8.3.3 复制已有原理图元件

如果在 Protel DXP 2004 的自带库中，包含有与设计人员需要绘制的元件形状相近的原理图元件，则可以先将含有该元件的元件原理图库打开，找到相近元件，再根据 Protel DXP 2004 的自带库中已有的元件创建自己的新元件。方法可以分为两种，大同小异。例如，如

图 8-33　元件的 Part A、Part B、Part C

果想根据集成库【Miscellaneous Devices. IntLib】中的元件 2N3904 创建自己的 NPN 型晶体管，则第一种方法的具体操作步骤如下。

1）新建一个原理图库文件，保存为"My_Schlib. SchLib"，并在该原理图库下添加一个新的元件，命名为"NPN"。

2）单击菜单命令【File】→【Open】，到 DXP 软件的安装目录下打开集成库【Miscellaneous Devices. IntLib】。如果 Protel DXP 2004 的自带库保存在路径"E：\DXP\library"下，则到该路径下选择集成库文件 Miscellaneous Devices. IntLib，并单击【Open】按钮，如图 8-34所示。

3）如果是首次打开该集成项目库文件，则弹出一个提示对话框，如图 8-35 所示。

图 8-34　打开集成库文件

图 8-35　提示对话框

4）选择【Extract Sources or Install】对话框中的【Extract Sources】按钮，此时可以在【Projects】工作面板上看到一个名为"Miscellaneous Devices. LIBPKG"的集成元件库项目文件被打开，并且该集成元件库项目文件下默认加载的是原理图库"Miscellaneous Devices. SchLib"。

5）单击【Projects】工作面板上的原理图库【Miscellaneous Devices. SchLib】，系统自动切换到原理图库编辑器下，并弹出【SCH Library】工作面板，从【SCH Library】工作面板上设计人员可以看到原理图库【Miscellaneous Devices. SchLib】中所有的原理图元件符号。

6）单击需要复制的元件 2N3904，对该元件的所有组件执行全选、复制操作。

7）再回到自定义的元件原理库【My_Schlib. SchLib】中，从【SCH Library】工作面板上选择自定义元件 NPN，在编辑界面的中心位置上执行粘贴命令，这样就可以将元件 2N3904 中的所有组件粘贴到指定的位置下。

8）根据具体的设计要求，修改元件 NPN 的外形和引脚。

9）再根据设计需要，对自建库【My_Schlib. SchLib】中的元件 NPN 属性进行编辑并保存。

第二种方法与第一种方法的差异在于上面的步骤 6）和步骤 7）上，其他的步骤完全一致。

同样，选择【projects】工作面板上的元件原理图库【Miscellaneous Devices. SchLib】，在该元件原理图库中的【SCH Library】工作面板上右键单击需要复制的元件 2N3904，选择右键菜单中的命令【Copy】，再回到自定义的元件原理图库【My_Schlib. SchLib】中，在该元件原理图库中的【SCH Library】工作面板的元件列表区域的空白处单击鼠标右键，从弹出的右键菜单中选择命令【Paste】，元件 2N3904 就会被复制到自定义的元件原理图库【My_Schlib. SchLib】中。

## 8.3.4 由原理图生成元件原理图库

如果在一个已有的原理图文件中，存在设计人员所需要的某一个原理图元件，但这个原理图元件并不是 Protel DXP 自带库中的元件，这时如果需要将该元件原理图符号添加到自己的元件原理图库文件中，但又不想自己重新绘制该元件，在这种情况下，可以使用 Protel DXP 2004 提供的一个由原理图生成原理图库文件的命令，此命令可以把当前打开的原理图文件中用到的所有原理图元件抽取出来，生成一个与当前打开的原理图文件同名的一个原理图库文件。这样一来，只要 Protel DXP 2004 能打开的原理图文件，设计人员都可以利用这个命令，把现有原理图中所需要的原理图元件抽取出来，添加到自己的元件原理图库文件中去。

由原理图生成元件原理图库文件的具体操作如下。

1）新建一个 PCB 项目，保存为"PCB_Project1. PrjPCB"。

2）单击菜单命令【File】→【Open】，在项目下加载所需要的原理图文件，准备生成原理图库，如图 8-36 所示。

图 8-36　加载原理图文件

3）在原理图编辑环境下单击菜单命令【Design】→【Make Schematic Library】，如图8-37，此时系统自动切换到元件原理图库编辑器状态下，同时弹出【SCH Library】工作面板以及一个 DXP 提示对话框，如图 8-38 所示。由该对话框提示可知，系统创建了一个新的名为"PCB_Project1._SCHLib"的元件原理图库，该元件库中包括 7 个元件。由【SCH Library】工作面板上可以直接看到该原理图库中所包含的所有元件。

图 8-37　选择菜单命令

图 8-38　提示对话框

4）切换到原理图编辑器，从【Projects】工作面板上可知新生成的原理图库与原理图所在项目同名。

5）在【Projects】工作面板上的"PCB_Project1.SCHLib"文件上单击鼠标右键，选择【Save】命令，将新生成的原理图库文件保存，即完成了由原理图生成原理图库操作。

## 8.3.5　由原理图库更新原理图中元件

在 Protel DXP 2004 设计系统中，系统提供了各编辑器之间便捷的交互操作方式。这样，设计人员可以直接由原理图库更新原理图文件。

在绘制原理图时，设计人员可能使用多个自定义的原理图元件，如果设计后发现自定义的原理图元件不符合设计需求，这时就需要更改自定义的原理图元件。在 Protel DXP 2004 设计系统中，通过原理图库中的元件来更新原理图上相应所有元件的具体操作步骤如下。

1）创建一个新的 PCB 项目和原理图文件"sheet1.SchDoc"，并分别用各自的默认名进行保存。

2）按照上面章节所讲的内容建立一个新的原理图库"Schlib1.SchLib"，并添加到该项目下，然后在该原理图库中设计一个元件"component_1"，如图 8-39 所示。

3）将自定义的原理图元件"component_1"放置到原理图上。在原理图库编辑器界面上的【SCH Library】工作面板上选中元件"component_1"，然后单击 Place 按钮，系统自动切换到原理图编辑界面下，元件"component_1"出现在十字光标上，并随光标移动，单击鼠标左键放置器件，放置效果如图 8-40 所示。

4）回到原理图库编辑器界面下，双击元件的引脚 3 后出现引脚属性对话框，将显示名称由"B2"改为"C2"，并单击 OK 按钮，更改后的元件如图 8-41 所示。

图 8-39　自定义元件"component_1"　　　　　图 8-40　将自定义元件放置在原理图上

5）在【SCH Library】工作面板中选中该元件，并单击鼠标右键，在弹出的菜单中执行【Update Schematic Sheet】命令，此时弹出对话框提示需要更改的元件个数，单击 OK 按钮即可进行更新，如图 8-42 所示。

图 8-41　修改后的自定义元件　　　　　　　图 8-42　更新器件个数对话框

6）切换到原理图编辑界面，此时原理图上的该元件都被更新为修改后的设置状态，如图 8-43 所示。

图 8-43　更新后的原理图

# 8.4　PCB 元件封装库

PCB 元件封装库的文件扩展名为".PcbLib"，是用于定义元件引脚分布信息的重要库，Protel DXP 2004 自带的 PCB 库位于 Protel DXP 2004 的安装目录下，通常在"Library\Pcb"

下。设计人员也可以根据需要建立自己的 PCB 元件封装库。

### 8.4.1 启动 PCB 元件封装库编辑器

在 Protel DXP 2004 设计系统中，通过新建 PCB 元件封装库文件来启动 PCB 元件封装库编辑器的具体操作步骤如下。

1）在 Protel DXP 2004 设计系统的主界面上执行菜单命令【File】→【New】→【library】→【PCB library】，此时将会自动启动 PCB 元件封装库编辑器，【Project】工作面板会自动弹出，并且一个默认名为"PcbLib1. PcbLib"的空白元件封装库文件将会出现在元件封装库编辑器的设计工作平面上。这时的编辑器窗口如图 8-44 所示。

图 8-44　PCB 元件封装库编辑器

2）执行菜单命令【File】→【Save】，保存 PCB 库文件到"D：\chapter8\MyLib"中。

3）执行菜单命令【View】→【Work Space Panels】→【PCB】→【PCB Library】，在工作区面板中打开【PCB Library】工作面板，如图 8-45 所示。

### 8.4.2 PCB 元件封装库的图纸属性

在 PCB 元件封装库编辑器中制作元件封装时有两种方法，一种是利用系统的封装向导制作元件的封装；另一种是手动绘制元件封装。利用系统提供的封装向导绘制元件封装时，一般不需要对 PCB 元件封装库图纸属性的参数进行设置；而采用手动绘制元件封装时，有时为了提高制作质量和效率，需要对 PCB 元件封装库图纸属性的参数进行设置。

图 8-45　【PCB Library】工作面板

在灰色的 PCB 元件封装库编辑界面上单击鼠标右键，选择命令【Library Options】，弹出【Board Options】对话框，如图 8-46 所示。实际上，PCB 元件封装库图纸属性设置与前面所讲的 PCB 编辑器中的图纸参数设置是完全一样的，这里不再重复介绍。

图 8-46　PCB 元件封装库图纸属性对话框

### 8.4.3 【PCB Library】工作面板

在 PCB 元件封装编辑器的【PCB Library】工作面板中，设计人员可对 PCB 元件封装库中的 PCB 元件封装进行管理，例如进行复制、粘贴、删除 PCB 元件封装等操作。

单击 PCB 元件封装编辑器界面右下角工作面板区的【PCB】标签，选择其中的【PCB Library】选项，系统将弹出元件的 PCB 封装管理器，即【PCB Library】工作面板，如图 8-47 所示。

【PCB Library】工作面板包括以下几个区域。

（1）【Mask】（屏蔽）查询区域

在该框中输入特定的查询字符后，在封装列表框中将显示封装名称中包含设计人员键入的特定字符的所有封装。如果在该框中键入"＊"号，则代表任意字符。

（2）显示方式设置区域

该区域用于设置处于选取状态的元件封装的显示方式，可以通过 3 个复选框来设置。

【Mask】复选框：在 PCB 元件封装库编辑器的编辑界面上隐藏所有未选中的对象。

【Select】复选框：使被选中的元件封装组件处于选取状态。

【Zoom】复选框：将被选中的元件封装组件放大到窗口中央位置。

图 8-47　【PCB Library】
工作面板

（3）元件封装列表区域

在该区域显示符合【Mask】查询要求的所有封装名称。单击该区域中的封装名称，该封装将显示在封装缩影图区。

（4）元件图元区域

本区域列出了选中元件的所有组件的属性，双击任意组件将打开该组件的属性设置对话框来设置该组件的属性。

（5）封装缩影图区域

本区域显示选中封装的缩影图形，设计人员可以利用本区域查看元件封装的详细细节。

# 8.5 绘制元件封装

绘制元件封装有自动绘制和手动绘制两种方法，对于标准的元件封装适合使用自动绘制的方法；手动绘制元件封装适用于那些非标准的异形元件封装。绘制元件封装必须做到准确掌握元件的外形尺寸、焊盘尺寸、焊盘间距和元件外形与焊盘之间的间距等一系列问题。

## 8.5.1 利用封装向导自动绘制元件封装

利用系统的封装向导制作元件的封装，对于典型元件封装的制作是非常便捷的，只需按照系统提供的封装向导一步步地输入元件封装的各个参数就可以完成元件封装的制作。但是利用系统提供的封装向导只能创建标准的元件封装。系统提供了 12 种标准的元件封装类型。

【Ball Grid Arrays（BGA）】类型：球状栅格阵列式类型。

【Capacitors】类型：电容式类型。

【Diodes】类型：二极管式类型。

【Dual in-line Package（DIP）】类型：双列直插式类型。

【Edge Connectors】类型：边缘连接式类型。

【Leadless Chip Carrier（LCC）】类型：无引线芯片装载式类型。

【Pin Grid Arrays（PGA）】类型：引脚栅格阵列式类型。

【Quad Packs（QUAD）】类型：方形封装式类型。

【Resistors】类型：电阻式类型。

【Small Outline Package（SOP）】类型：小型封装式类型。

【Staggered Grid Arrays（SBGA）】类型：贴片球状栅格阵列式类型。

【Staggered Pin Grid Arrays（SPGA）】类型：贴片引脚栅格阵列式类型。

本节以 PCB 封装向导创建 10 引脚的 DIP 元件封装为例，介绍利用系统的封装向导制作元件封装的过程，具体操作步骤如下。

1）执行菜单命令【File】→【New】→【Library】→【PCB Library】，创建一个新的 PCB 库，系统默认名称为 PcbLib1. PcbLib，保存该 PCB 库。

2）执行菜单命令【Tools】→【New Component】，此时会自动弹出 PCB 库的【Component Wizard】对话框，如图 8-48 所示。

3）单击【Component Wizard】对话框中的 Next> 按钮，打开【Component Wizard】界面，该界面提示设计人员选择一个元件所需的封装类型，这里以选择 DIP 封装（Dual in-line Package），单位选择 "mil"，如图 8-49 所示。单击 Next> 按钮进行焊盘尺寸的设置。

4）弹出如图 8-50 所示的【Specify the pads dimensions】对话框。在本例中，设置焊盘外径全部为 50mil，内径为 25mil。

图 8-48 【Component Wizard】对话框

图 8-49 【Component Wizard】界面

图 8-50 【Specify the pads dimensions】界面

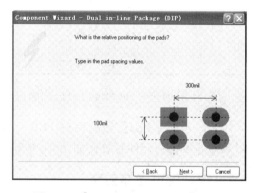

图 8-51 【the pad Spacing value】界面

5）单击 Next> 按钮进行焊盘间距的设置，出现如图 8-51 所示的【the pad Spacing value】界面，设计人员可以从该界面中设置焊盘的水平间距和垂直间距。这里采用默认设置，水平间距为 600mil，垂直间距为 100mil。

6）单击 Next> 按钮选择封装的轮廓线宽度，出现如图 8-52 所示的【the outline width value】界面，这里采用默认设置 10mil。

图 8-52 【the outline width value】界面

图 8-53 【value for the total number of pads】对话框

7）设置完轮廓线宽度后，单击 Next> 按钮选择焊盘数，出现如图 8-53 所示的【value for the total number of pads】界面，这里采用默认设置为 10 个，然后单击 Next> 按钮。

8）此时弹出如图 8-54 所示的【the name of component】界面，设置元件封装的名称，采用默认设置"DIP10"。

9）单击 Next> 按钮，弹出如图 8-55 所示【Finish】界面，如果不需要修改，可单击 Finish 按钮，就完成封装向导的设计过程，如果需要修改可单击 <Back 按钮，逐级返回进行修改即可。

图 8-54 【the name of component】界面

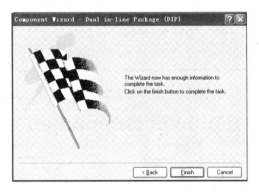

图 8-55 【Finish】界面

10）单击 Finish 按钮返回到 PCB 库编辑界面，可以看到利用封装向导设计的元件封装，如图 8-56 所示。

### 8.5.2 手动绘制元件封装

利用向导生成元件封装，对于形状规则的、常见的元件封装是比较方便快捷的。手工创建元件封装在总体的思想与方法上与自动绘制是基本相同的，不同之处在于手工创建元件封装对一些异形元件的创建是非常有效的，而利用封装向导生成元件封装对形状规则的元件封装则更为方便。

图 8-56 通过封装向导完成的元件封装 DIP10

在 Protel DXP 2004 设计系统中，手动绘制一个按键的封装过程如下。

1）在 Protel DXP 2004 设计系统的主界面上执行菜单命令【File】→【New】→【library】→【PCB library】，此时【Project】工作面板会自动弹出，一个默认名称为"PcbLib1. PcbLib"的 PCB 库文件会出现在【Projects】工作面板中，与此同时自动启动 PCB 元件封装库编辑器，如图 8-57 所示。

2）在【Projects】工作面板中新建的 PCB 元件封装库上单击右键，将文件保存到指定目录下，如"D：\chapter8\MyLib"中。

3）配合打开【PCB Library】工作面板。从【PCB Library】工作面板可以看到，一个名为"PCB COMPONENT_1"的元件封装出现在【PCB Library】工作面板上，说明当前的 PCB 元件库中只有一个名为"PCB COMPONENT_1"的元件封装需要进行创建。

4）此时，PCB 元件封装库编辑器背景默认为灰色，按住【Ctrl】+鼠标滚轮向上将背景不断放大，直至出现网格线为止，开始对元件封装进行手动绘制。

5）放置焊盘。首先选择【PCB Library】工作面板上的元件封装"PCB COMPONENT_

图 8-57　PCB 元件封装库编辑器

1"，然后设置当前工作层面为"Multi-Layer"，再选择单击放置工具栏中的 ◎ 按钮，这时系统将处于放置焊盘的工作状态，鼠标光标将放大成十字形并且光标上粘贴着一个焊盘的虚线框，然后按下【Tab】键弹出如图 8-58 所示的焊盘属性设置对话框。

6）在弹出的焊盘属性设置对话框中，进行焊盘属性的设置，有关焊盘属性的设置在6.6.2 节中已有过详细的介绍，本例中不再介绍。这里选择焊盘形状为圆形（Round），圆形焊盘外径（X-尺寸，Y-尺寸）都保持默认设置 60mil，圆形焊盘内径设置为 30mil。在属性设置区域，【Designator】设置为 1，表示为目前放置的焊盘为第一个焊盘，【Layer】设置为"Multi-Layer"，其他设置保持不变，在工作窗口上单击鼠标左键即完成该焊盘的设计工作。

图 8-58　焊盘属性设置对话框

7）再根据元件的实际尺寸调整焊盘间的水平距离与垂直距离。在本例中，按键焊盘的水平间距设置为 275mil，垂直间距设置为 200mil，重复上面相同的操作步骤即可完成按键四个焊盘的放置工作。

8）封装轮廓线的绘制。选择当前工作层面为【Top Overlay】层，将设计工作层面切换到顶层丝印层。再单击放置工具栏中的【直线】按钮，这时系统将处于放置直线的工作状态，鼠标光标将变成大十字形，然后按下【Tab】键弹出如图 8-59 所示的【线约束】属性设置对话框，选择轮廓线的宽度为 10mil。

9）移动鼠标到设计工作平面的合适位置，绘制成一个矩形。此按键元件封装外观轮廓如图 8-60 所示。

10）执行菜单命令【Edit】→【Set Reference】→【Location】，鼠标光标将变成大十字形，移至焊盘 1 中心，单击鼠标左键，将焊盘 1 中心设为坐标原点，如图 8-61 所示。

图 8-59 【Line Constraints】对话框

图 8-60 手动绘制的按键的封装

图 8-61 设置焊盘 1
中心为坐标原点

11）元件封装制作完成后，执行菜单命令【File】→【Save】，就可将新建的元件封装保存到当前打开的"PcbLib1.PcbLib"元件封装文件库中。

## 8.6 PCB 元件封装库操作的高级技巧

PCB 元件封装库操作的技巧与元件原理图库中的操作技巧基本一致，本节将简要地加以介绍。

### 8.6.1 复制已有元件封装

还是以集成元件库"Miscellaneous Devices.IntLib"中的元件 2N3904 为例，要求复制元件 2N3904 的封装 BCY-W3/E4 到自定义的封装库中。操作方法与元件原理图库中复制已有元件的方法一样也可以有两种，本节只介绍其中一种，并假设是对集成元件库"Miscellaneous Devices.IntLib"的首次操作。

1）新建一个 PCB 元件封装库文件，保存为"My_Pcblib.PcbLib"，可见该库中默认自带一个默认名为"PCBCOMPONENT_1"空白的元件封装。

2）单击菜单命令【File】→【Open】，到 DXP 软件的安装目录下打开集成元件库"Miscellaneous Devices.IntLib"。仍然假设 Protel DXP 2004 的自带库保存在路径"E：\DXP\library"下，同样到该路径下选择并打开集成元件库文件"Miscellaneous Devices.IntLib"。此时可以在【Project】工作面板上看到一个名为"Miscellaneous Devices.LIBPKG"的集成元件库项目文件被打开，并且该集成元件库项目文件下默认加载的是原理图库"Miscellaneous Devices.SchLib"。

**注意**：按照这样的操作方法，只能在"Miscellaneous Devices.LIBPKG"集成元件库项目下看到元件原理图库文件，而没有元件封装库，必须再加载相应的元件封装库。

3）单击菜单命令【File】→【打开】，到路径"E：\DXP\library"下，此时可以发现，在"library"文件夹下新添加了一个名为"Miscellaneous Devices"的文件夹，如图8-62所示。打开该文件夹，选择其中的文件"Miscellaneous Devices. PcbLib"，单击【打开】按钮，如图8-63所示。

图8-62 新生成的"Miscellaneous Devices"文件夹

图8-63 选择文件"Miscellaneous Devices. PcbLib"

4）此时在【Project】工作面板上可见元件封装库"Miscellaneous Devices. PcbLib"，属于自由文档，如图8-64所示。

图8-64 加载了元件封装库 Miscellaneous Devices. PcbLib

图8-65 复制到自定义 库中的元件封装

5）同样选择【Project】工作面板上的元件封装库"Miscellaneous Devices. PcbLib"。在该元件封装库中的【PCB Library】工作面板上右键单击需要复制的元件封装 BCY-W3/E4，选择右键菜单中的命令【Copy】。

6）再回到自定义的元件封装库"Miscellaneous Devices. PcbLib"中。在该元件封装库中的【PCB Library】工作面板的元件封装列表区域的空白地方单击鼠标右键，从弹出的右键菜单中选择命令【Paste 1 Components】，元件封装 BCY-W3/E4 就会复制到自定义的元件封装库"My_Pcblib. PcbLib"中，如图8-65所示。

## 8.6.2 由 PCB 图生成 PCB 元件封装库

同样可以直接由 PCB 图生成 PCB 元件封装库，以"单片机系统电路. PrjPCB"项目中的

PCB 文件为例，选择菜单命令【Design】→【Make PCB Library】，系统将自动生成该项目的 PCB 元件封装库文件。在该 PCB 元件封装库文件中，包含了 PCB 文件的所有元件封装。图 8-66 所示为生成 PCB 元件封装库文件后的【Projects】工作面板和【PCB Library】工作面板。

图 8-66　生成 PCB 元件封装库后的【Projects】和【PCB Library】工作面板

### 8.6.3　由 PCB 元件封装库更新 PCB 中元件封装

如果 PCB 设计完成后，发现某个或某几个元件的封装不符合设计要求，这时也可以采用修改元件封装库中相应元件封装，然后更新 PCB 文件。当然，这个操作方法最好是针对自定义库，对 DXP 自带库尽可能不要去作修改。

在元件封装库编辑器下修改元件封装后，可以选择两个菜单命令更新 PCB 文件中的元件封装，即【Tools】→【Update PCB with Current FootPrint】和【Tool】→【Update PCB with All FootPrint】，前者是只用元件封装库编辑器中当前修改的封装更新 PCB 文件，后者是更新 PCB 文件中所有的元件封装。

## 8.7　创建集成元件库

集成元件库的文件扩展名为"．IntLib"。集成元件库就是把元件的原理图符号模型、PCB 封装模型、SPICE 仿真模型和信号完整性分析等模型集成在一个库文件中。这样做的好处是，设计人员在调用元件时能够同时加载元件的原理图符号和 PCB 封装符号等信息，使用起来非常方便。设计人员可以建立属于自己的一个集成元件库，将常用元件的各种模型放在自己的集成元件库中。

可以根据前面几节的内容，创建一个包含几个原理图元件的元件原理图库和一个包含几个 PCB 元件封装的 PCB 元件封装库，然后将它们编译到一个集成元件库中，具体的设计步骤如下。

1）在 Protel DXP 2004 设计系统的主界面上执行菜单命令【File】→【New】→【Project】→【Integrated Library】，创建一个新的集成元件库项目。此时【Project】工作面板会自动弹出，一个默认名称为"Intergrated_Library1. LibPkg"的集成元件库项目会出现在【Projects】工作面板中，将该集成元件库项目保存到指定目录下，如"D：\chapter8 \Integrated Library"中。

2）如图 8-67 所示，集成元件库项目已经建立。此时在【Projects】工作面板中新建的集成元件库项目上单击鼠标右键选择命令【Add Existing to Project】，将已有的元件原理图库文件和 PCB 元件封装库文件加载到该集成库项目下，添加后的【Projects】工作面板如图8-68所示。

图 8-67　创建一个集成元件库　　　　　图 8-68　向集成元件库项目下添加库文件

3）如果不是选择添加已有文件，而是需要向该集成元件库项目下添加一个新的原理图库文件和 PCB 库文件，操作的方法和上面类似。同样，在【Projects】工作面板中的集成元件库项目上单击鼠标右键可以选择命令【Add New to Project】，然后选择添加元件原理图库文件和 PCB 元件封装库文件即可，保存新建的原理图库文件和 PCB 库文件。

4）将所需文件都添加到集成元件库项目中之后，便可以对该集成元件库项目文件进行编译，生成集成元件库。在【Projects】工作面板中的集成元件库项目上单击鼠标右键，选择命令【Compile Integrated Library Integrated_Library1. IntLib】，对集成元件项目进行编译。如果编译没有任何错误，那么在该集成元件库项目所在目录下新建一个文件夹，用来存放文件名为 "Integrated_Library1. IntLib" 的集成元件库文件，如图 8-69 所示。

图 8-69　集成元件库项目所在目录下新建的文件夹

至此便创建了一个集成元件库，设计人员可以按照上述的步骤向原理图库和 PCB 库分别添加更多元件的原理图符号模型和 PCB 封装模型，然后再生成集成元件库。这样，日积月累就可以创建一个属于自己的丰富的元件库了。

## 8.8 集成元件库实例

本节中的实例将指导设计人员创建一个自定义的集成元件库，在以后的学习工作过程中，设计人员可以根据工作需要，逐渐丰富、完善属于自己的集成元件库。

本节中的实例将融合本章前面几节所介绍的一些方法，在介绍过程中，主要侧重于一个自定义的集成元件库的完整建立过程，至于其中每个步骤的详细解释，请参考本章前几节的内容。

本节实例中自定义的集成元件库中包含 3 个比较常见的元器件，即熔丝 Fuse、电解电容 Cap Pol 和数码管 Dpy。学习制作这些元器件时可以参考系统自带库"Miscellaneous Devices. Intlib"中的熔丝 Fuse thermal、电解电容 Cap Pol3 和数码管 Dpy Yellow-CA。在整个制作过程中，本节实例将根据 3 个元器件的不同特点，分别采用不同的制作方法。对晶体管的设计采用复制已有原理图元件和手动绘制元件封装（直插式封装）的方法，对电解电容的设计采用手动绘制原理图元件和复制已有元件封装（表贴式封装）的方法，对数码管的设计采用手动绘制和复制已有元件组件两种方法结合来制作原理图元件，利用元件封装向导和复制已有元件封装的组件这两种方法相结合绘制元件封装（直插式封装）。

### 8.8.1 建立集成元件库项目

首先在"D：\chapter8"目录下创建一个名为"MyFirst_IntLib"的文件夹，然后在 Protel DXP 2004 设计系统的主界面上执行菜单命令【File】→【New】→【Project】→【Integrated Library】，由此创建一个新的集成元件库项目，在弹出的【Projects】工作面板上可以直接观察到这个默认名为"Intergrated_Library1. LibPkg"的新建集成元件库项目。

然后在【Projects】工作面板中的该集成元件库项目上单击鼠标右键选择命令【Add New to Project】，在该集成库项目下添加一个新的元件原理图库文件和一个新的 PCB 元件封装库文件。在添加两个文件之后，将该集成元件库项目以及两个文件分别更名为"MyFirst_IntLib. LibPkg"、"MyFirst_SchLib. SchLib"和"MyFirst_PcbLib. PcbLib"，并保存到指定目录下，即"D：\chapter8\MyFirst_IntLib"中，如图 8-70 所示。保存好后的【Projects】工作面板如图 8-71 所示。

### 8.8.2 制作原理图元件

本节实例中需要制作熔丝 Fuse、电解电容 Cap Pol 和数码管 Dpy 3 个元器件的元件原理图。3 个元器件的参考元件原理图如图 8-72 所示。

在本节实例的设计过程中，将根据元器件原理图的不同特点，对 3 个元器件采用不同的方法逐一进行制作。其中对熔丝 Fuse 的制作方法采用复制已有原理图元件的方法，对电解电容 Cap Pol 的设计方法采取手动绘制，对数码管 Dpy 的设计方法采用手动绘制和复制已有原理图元件组件这两种方法相结合。

图 8-70 集成元件库项目所在目录

图 8-71 【Projects】工作面板

图 8-72 3 个元器件的元件原理图

### 1. 绘制熔丝 Fuse

注意到类似熔丝这样的一类元件原理图，它的特点是包含有不规则的图形，这会给绘制的过程带来一些麻烦。当然，设计人员可以利用画图工具直接进行绘制。不过，绘制出来的图形有可能没有系统自带库中的图形美观，而且还浪费制作时间。所以对待类似的一些具有不规则图形的元件来说，较好的方法是直接将系统自带库中已有元件的图形复制下来，这样绘制出来的元件不仅美观大方还节省工作时间。

因为熔丝 Fuse 是自定义元件原理图库中添加的第一个元件，所以整个介绍的过程略显复杂。

1）在绘制原理图元件时，最好配合使用【SCH Library】工作面板。打开【SCH Library】工作面板的方法是单击元件原理图编辑器界面右下角工作面板区的【SCH】标签，选择其中的【SCH Library】选项，此时【SCH Library】工作面板会自动弹出。在绘制原理图元件的整个过程中，为了方便制作，最好锁定【SCH Library】工作面板。

2）从【SCH Library】工作面板可以看到，一个默认名为"COMPONENT_1"的元件符号出现在【SCH Library】工作面板上，这说明目前的"MyFirst_SchLib. SchLib"元件原理图库中只有一个默认名为"COMPONENT_1"的元件。此时元件符号"COMPONENT_1"呈高亮蓝色状态，说明目前是对该元件进行操作。

3）由于在本例中所需制作的原理图元件可以参考"Miscellaneous Devices. Intlib"库中的元件，因此需要配合打开系统自带的"Miscellaneous Devices. Intlib"库。具体方法为：单击菜单命令【File】→【Open】，到 DXP 软件的安装目录下打开集成库"Miscellaneous

Devices. IntLib"。例如，Protel DXP 2004 的自带库保存在路径"E：\DXP\library"下，则到该路径下选择集成库文件"Miscellaneous Devices. IntLib"，并单击 打开⑩ 按钮，如图8-73所示。

4）如果是首次打开该集成项目库文件，系统会弹出一个【Extract Sources or Install】提示对话框，如图 8-74 所示。

图 8-73　打开集成项目库文件　　　　图 8-74　提示对话框

5）单击【Extract Sources or Install】对话框中的【Extract Sources】按钮，此时可以在【Projects】工作面板上看到一个名为"Miscellaneous Devices. LIBPKG"集成元件库项目文件被打开，并且该集成元件库项目文件下默认加载的是元件原理图库"Miscellaneous Devices. SchLib"。

6）单击【Projects】工作面板上的"Miscellaneous Devices. SchLib"元件原理图库，系统自动切换到该原理图库的编辑界面下，此时【SCH Library】工作面板上显示的"Miscellaneous Devices. SchLib"元件原理图库中所有的原理图元件。

7）找到需要复制的元件 Fuse thermal，对该元件的所有组件执行全选、复制操作。

8）再切换到自定义的元件原理库"MyFirst_SchLib. SchLib"编辑界面下，从【SCH Library】工作面板上单击选择元件"COMPONENT_1"。按住【Ctrl + Home】键，使光标跳到图纸的坐标原点，在编辑界面的中心位置上执行粘贴命令，这样就可以将系统自带库"Miscellaneous Devices. SchLib"中元件 Fuse thermal 的所有组件粘贴到指定的位置。

9）接下来将根据设计需要，对自定义库"MyFirst_SchLib. SchLib"中第一个元件的属性进行编辑。在【SCH Library】工作面板单击左键选中元件符号"COMPONENT_1"，然后单击 Edit 按钮，打开【Library Component Properties】对话框。【Library Component Properties】对话框的【Default Designator】输入栏用来设置元件序号，此处设置为 F?，【Comment】输入栏用来输入一个简化的元件名称，这里设置为"Fuse"，【Library Ref】输入栏用来输入自定义元件的全名，此处也设置为"Fuse"，【Description】输入栏用来输入对元件的解释，此处设置为"Thermal Fuse"，其他属性暂不设置。设置好后的原理图库元件属性对话框如图 8-75 所示。

**2. 设计电解电容 Cap Pol**

注意到电解电容这样的一类元件原理图，它的特点是图形非常规则，对待这样一类器

图 8-75　原理图库元件属性对话框

件，设计人员可以直接利用画图工具进行手动绘制。

1）单击【SCH Library】工作面板上的 Add 按钮，需要为自定义元件原理图库添加一个新的元件。此时弹出提示对话框，如图 8-76 所示，单击 OK 按钮即可添加成功，此时可以看到在【SCH Library】工作面板上有两个元件，新添加的元件默认名未作修改，仍为"Component_1"，该元件当前处于高亮待编辑状态，如图 8-17 所示。

图 8-76　添加新元件的提示对话框

图 8-77　添加新元件后的
【SCH Library】工作面板

2）按住【Ctrl + Home】键，使光标跳到图纸的坐标原点。在坐标原点处开始元件电解电容 Cap Pol 的设计过程。

3）首先绘制元件的外形。单击【Place】→【Line】，在图纸的坐标原点处开始绘制元件外形，绘制完成的元件外形如图 8-78 所示。

4）在完成元件外形的绘制后，使用快捷键【P + P】来放置元件的两个引脚。放置过程中需要注意的是，元件引脚的电气热点端必须放置在元件轮廓图的外面。放置引脚结束后的元件如图 8-79 所示。

图 8-78　绘制元件外形

图 8-79　添加元件引脚

5）设置引脚属性。以第一个引脚为例，左键双击放置好的引脚，系统弹出引脚属性对话框，在引脚属性对话框中【Display Name】选项后输入该引脚的名称"1"，在【Designator】选项中输入引脚编号"1"。由于在原理图图纸上放置电容元件时没有必要显示其引脚名和编号，因此不勾选两个选项后的【Visible】复选框。在【Lengh】选项中输入该引脚的设置长度为"100mil"，其他属性保持默认即可。设置好后的引脚对话框如图8-80所示。

6）需要设置元件的属性。在【SCH Library】工作面板上单击鼠标左键选中元件符号"Component_1"，然后单击 Edit 按钮，打开【Library Component Properties】对话框，在【Default Designator】输入栏中输入

图8-80 【Pin Properties】对话框图

C?，在【Comment】输入栏中输入"Cap Pol"，【Library Ref】输入栏用来输入自定义元件的全名，此处也设置为"Cap Pol"，【Description】输入栏用来输入对元件的解释，此处设置为"Polarized Capacitor"，其他属性暂不设置，如图8-81所示。

图8-81 原理图库元件属性对话框

### 3. 绘制数码管 Dpy

诸如数码管一类的元件图形，它的特点是同时包括规则图形和不规则图形。对于具有这样特点的元件，规则图形的部分可以采用手动绘制，对于不规则部分，可以参考系统自带库中的元件有无相似的组件，如果有，最好直接复制过来。本例中对数码管的设计方法采用手动绘制外形，数码管中间的不规则图形"8"采用复制已有原理图元件组件的方法。

1）继续单击【SCH Library】工作面板上的 Add 按钮，再为自定义元件原理图库添加一个新的元件。添加好后，此时可以看到在【SCH Library】工作面板上有3个元件，新添加的元件默认名还是为"Component_1"，并处于高亮状态，表示此元件处于待编辑状态，如图8-82所示。

2）按住【Ctrl + Home】键，同样需要在坐标原点处开始元件数码管 Dpy 的设计过程。

3）首先是手动绘制元件的外形。使用菜单命令【Place】→【Rectangle】，在图纸的坐标

原点处开始绘制元件外形，设置高×宽为 $90\mathrm{mil} \times 60\mathrm{mil}$，如图 8-83a 所示。

4）对元件图形中间的不规则图形采用复制已有原理图元件组件的方法。单击【Projects】工作面板上的"Miscellaneous Devices. SchLib"元件原理图库，系统自动切换到该原理图库的编辑界面下，在【SCH Library】工作面板上显示的"Miscellaneous Devices. SchLib"元件原理图库中找到参考原理图元件"Dpy Yellow-CC"。

5）按住【Shift】键，同时用鼠标左键逐一单击需要复制的组件来进行选择。在全部选择完成后，再对所有需要的组件执行复制操作。

图 8-82　添加第 3 个元件后的【SCH Library】工作面板

图 8-83　数码管 Dpy 外形的制作过程

6）切换到自定义的元件原理库"MyFirst_SchLib. SchLib"编辑界面下，从【SCH Library】工作面板上选择正在制作的元件"Component_1"，在编辑界面的适当位置上执行粘贴命令，这样就可以将元件 Dpy Yellow-CC"中的所需组件粘贴到指定的位置。放置后的结果如图8-83b所示。

7）在元件的外形绘制完成后，使用快捷键【P＋P】来放置该元件的 10 个引脚。按照图 8-83c 所示，逐一修改每个引脚的名称和编号，并且修改每个引脚的长度为"200mil"，同样注意每个元件引脚的电气热点端必须放置在元件轮廓图的外面，其他属性保持默认即可。

8）最后设置该元件的属性。在【SCH Library】工作面板单击左键选中元件符号"Component_1"，然后单击 Edit 按钮，打开【Library Component Properties】对话框，在【Default Designator】输入栏输入 DS?，在【Comment】输入栏输入"Dpy"，在【Library Ref】输入栏也输入"Dpy"，【Description】输入栏用来输入对元件的解释，此处设置为"Micro Bright Yellow 7-Segment Display"，其他属性暂不设置。

通过以上方法即可完成原理图元件库的制作，在整个介绍过程中，省去了很多步骤详细的解释说明，读者可根据需要再参考 8.2 节和 8.3 节的相关内容。

### 8.8.3　制作元件封装

同样，在制作元件封装过程中，本节也将根据元器件封装的不同特点，对 3 个元器件的封装采用不同的方法来逐一进行制作。对熔丝 Fuse 封装的设计方法采用手动绘制元件封装（直插式封装），对电解电容 Cap Pol 封装的设计方法采用复制已有元件封装（表贴式封装），对数码管 Dpy 封装的设计方法采用利用封装向导和复制已有元件封装组件这两种方法相结合来制作元件封装（直插式封装）。3 个元件的封装参考图形如图 8-84 所示。

图 8-84  3 个元件的封装参考图形

a）熔丝 Fuse  b）电解电容 Cap Pol  c）数码管 Dpy

### 1. 设计熔丝的封装

本例中熔丝的封装将制作为直插式封装。注意到熔丝这样一类的元件封装，它的特点是图形非常简单、规则，很适合设计人员利用工具进行手动绘制。本例中对熔丝的封装采用手动绘制，具体操作步骤如下。

1）单击【Projects】工作面板中的"MyFirst_PcbLib. PcbLib"，切换到 PCB 元件封装库编辑器界面下。

2）执行菜单命令【View】→【Work Space Panels】→【PCB】→【PCB Library】，在工作区面板中打开【PCB Library】工作面板，如图 8-85 所示。目前在【PCB Library】工作面板中只有一个待制作的默认名为"PCBCOMPONENT_1"的元件封装。在绘制元件封装的整个过程中，为了操作方便，最好一直锁定【PCB Library】工作面板。

3）此时 PCB 元件封装库编辑器背景默认为灰色，先按住【Ctrl】键 + 鼠标滚轮向上将背景不断放大，直至出现适当大小的网格线为止。

4）接下来开始对元件封装进行制作。首先放置焊盘，选择【PCB Library】工作面板上的元件封装"PCB COMPO-NENT_1"，然后设置当前工作层面为"Multi-Layer"，再单击放置工具栏中的 ◎ 按钮，这时系统将处于放置焊盘的工作状态，表现为鼠标光标将放大成十字形，并且光标上粘贴着一个呈虚框的灰色焊盘，此时可以按下【Tab】键对焊盘属性进行设置。

图 8-85 【PCB Library】
工作面板

5）按下【Tab】键后，将弹出焊盘属性设置对话框，在该对话框中进行焊盘属性的设置。有关焊盘属性的设置在 6.6.2 节中有过详细的介绍。这里选择焊盘 1 形状为方形（rectangle），焊盘外径（X-Size，Y-Size）都设置为 60mil，焊盘内径设置为 35mil。在属性设置区域，【Designator】编辑框设置为 1，表示为目前放置的焊盘为第一个焊盘，【Layer】下拉列表框设置为"Multi-Layer"，其他设置保持不变，在工作窗口上单击鼠标左键即完成该焊盘的设计工作。

6）设置焊盘 2 形状为圆形（round），焊盘外径（X-Size，Y-Size）同样设置为 60mil，圆形焊盘内径也设置为 35mil。在属性设置区域，【Designator】设置为 2，表示为目前放置的焊盘为第二个焊盘，【Layer】下拉列表框同样设置为"Multi-Layer"，其他设置保持不变，在工作窗口上单击鼠标左键即完成该焊盘的设计工作，如图 8-86 所示。

图 8-86　两个焊盘的属性设置对话框

7）再根据元件的实际尺寸调整焊盘间的水平距离与垂直距离。在本例中，两个焊盘的水平间距为 450mil，垂直间距设置为 0mil。

8）封装轮廓线的绘制。选择当前工作层面为"Top Overlay"层，将设计工作层面切换到顶层丝印层。再单击放置【Utilities】工具栏中的　按钮，这时系统将处于放置直线的工作状态，鼠标光标将变成大十字形，然后按下【Tab】键弹出线约束属性设置对话框，选择轮廓线的宽度为 10mil。移动鼠标到两个焊盘中间的合适位置，绘制成一个矩形。此元件封装外观轮廓如图 8-87 所示。

9）设置坐标原点。执行菜单命令【Edit】→【Set Reference】→【Location】，鼠标光标将变成大十字形，移至焊盘 1 中心，单击鼠标左键，将焊盘 1 中心设为坐标原点。至此，元件封装绘制结束。

图 8-87　元件封装外观图形

10）接下来，还需要修改该元件封装的属性。双击【PCB Library】工作面板上的元件封装"PCB COMPONENT_1"，弹出元件封装属性对话框，这里修改元件封装名称为"PIN-W2"，描述栏修改为"Fuse；2 Leads"。元件封装属性修改前后如图 8-88 所示。

a)　　　　　　　　　　　　　　　　　　b)

图 8-88　元件封装属性修改前后

a）修改前　b）修改后

**2. 电解电容的封装**

本例中的电解电容封装将制作为表贴式封装，采用的方法为复制系统自带库中已有的元件封装。实际上，本例中电解电容的封装图形也非常规则，当然也可以直接采用手动制作。

1）在PCB工作面板中元件封装列表区域的空白区域单击鼠标右键，选择【New Blank Component】选项，新建一个元件封装。

2）单击菜单命令【File】→【Open】，到DXP软件的安装目录下打开集成元件库"Miscellaneous Devices. IntLib"。仍然假设Protel DXP 2004的自带库保存在路径"E：\DXP\library"下，同样到该路径下选择并打开集成元件库文件"Miscellaneous Devices. IntLib"。此时可以在【Project】工作面板上看到一个名为"Miscellaneous Devices. LIBPKG"的集成元件库项目文件被打开，并且该集成元件库项目文件下默认加载的是原理图库"Miscellaneous Devices. SchLib"。

3）因此，此处是对系统自带的"Miscellaneous Devices. PcbLib"封装库中的元件封装进行复制，所以还应该打开封装库"Miscellaneous Devices. PcbLib"。单击菜单命令【File】→【Open】，到路径"E：\DXP\library"下。此时可以发现，在"library"文件夹下新添加了一个名为"Miscellaneous Devices"的文件夹，如图8-89所示，打开该文件夹，选择其中的文件"Miscellaneous Devices. PcbLib"，单击【Open】按钮，如图8-90所示。

图8-89　新生成"Miscellaneous Devices"文件夹　　图8-90　选择文件"Miscellaneous Devices. PcbLib"

4）同样，选择【Project】工作面板上的元件封装库"Miscellaneous Devices. PcbLib"，如图8-91所示，在该元件封装库中的【PCB Library】工作面板上查找到需要复制的元件封装CC2012-0805，在该封装上单击鼠标右键，选择右键菜单中的命令【Copy】。

5）再回到自定义的元件封装库"Miscellaneous Devices. PcbLib"中，在该元件封装库中的【PCB Library】工作面板的元件封装列表区域空白地方单击鼠标右键，从弹出的右键菜单中选择命令【Paste 1 Components】，元件封装BCY-W3/E4就会复制到自定义的元件封装库"My_Pcblib. PcbLib"中，如图8-92所示。

**3. 绘制数码管的封装**

本例中数码管的封装采用的是直插式封装，设计方法采用利用封装向导和复制已有元件封装这两种方法相结合。

1）执行菜单命令【Tools】→【New Component】，此时会自动弹出PCB库的【Component

图 8-91 加载了封装库
"Miscellaneous Devices. PcbLib"

图 8-92 复制到自定义库中的元件封装

Wizard】对话框。按照【Component Wizard】对话框的提示，选择 DIP 封装（Dual in-line Package），单位选择"mil"，设置焊盘外径全部为 60mil，内径为 35mil。设置水平间距为 200mil，垂直间距为 100mil。封装的轮廓线宽度设置为 10mil。焊盘数设置为 10 个，封装名称为"LEDDIP-10"然后单击 Next＞ 按钮，结果如图 8-93a 所示。

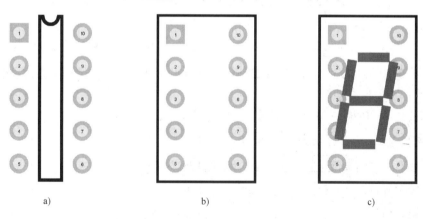

图 8-93 通过封装向导完成的元件封装 DIP10

2）由图 8-93 可见，封装的轮廓线不符合设计要求，因此需要手动调整轮廓线的相对位置，并设置轮廓线高×宽为 520mil×320mil，调整后如图 8-93b 所示。

3）接下来，添加该元件封装中间的图形"8"。采用的方法为复制系统自带库中已有元件的组件。

4）选择【Projects】工作面板上的元件封装库"Miscellaneous Devices. PcbLib"，在该元件封装库中的【PCB Library】工作面板上右键单击需要的元件封装"LEDDIP-10/C5.08RHD"，此时 PCB 封装库编辑器的界面上会显示该封装，选择该封装中所需要的所有组件并复制。

5）再回到自定义的元件封装库". PcbLib"中，选择正在制作的元件封装"LEDDIP-

10"，执行粘贴命令。将所有复制的组件粘贴到绘制图形中间位置即可，如图 8-93c 所示。

### 8.8.4 联系元件和元件封装

本例中 3 个元器件全部利用模式管理器来添加元件封装。有关利用模式管理器来添加元件封装的方法已在 8.3.1 节中详细介绍过。

1）在元件原理图库编辑环境下，单击【实用工具栏】中的 按钮，即模式管理器，出现【Model Manager】对话框，如图 8-94 所示。

图 8-94 【Model Manager】对话框

2）单击鼠标左键选择对话框左侧【Component】区域中的元件 Cap Pol，然后再单击对话框右侧区域中的 Add Footprint 按钮，即可弹出【PCB Model】对话框，如图 8-95 所示。

3）在【PCB Model】对话框的【FootPrint Model】区域中单击 Browse... 按钮，弹出如图 8-96 所示的【Browse Libraries】对话框，再单击 OK 按钮，回到【PCB Model】对话框，单击 OK 按钮，最后再单击【Browse Libraries】中的 OK 按钮，这个封装就与元件连接到一起，如图 8-97 所示。

4）采用同样的方法为其他两个元器件逐一添加相应封装。

### 8.8.5 生成集成元件库

图 8-95 【PCB Model】对话框

在完成上述步骤并保存所有文件之后，便可以对该集成元件库项目文件进行编译，生成集成元件库。

在【Projects】工作面板中的自定义集成元件库项目文件"MyFirst_IntLib. LibPkg"上单击鼠标右键，选择命令【Compile Integrated Library MyFirst_IntLib. LibPkg】，对集成元件项目文件进行编译。如果编译没有错误，那么在该集成元件库项目文件所在的目录下，即在

第8章 元件原理图库、PCB元件封装库和集成元件库

图 8-96 在【Browse Libraries】
对话框中查找元件封装

图 8-97 添加了封装的
【PCB Model】对话框

"D：\chapter8\MyFirst_IntLib" 中会自动生成一个名为 "Project Outputs for MyFirst_IntLib" 的文件夹，用来存放文件名为 "MyFirst_IntLib. IntLib" 的自定义集成元件库，如图 8-98 所示。

图 8-98 生成的集成元件库文件所在的文件夹

## 8.9 思考与练习

1. 建立一个名为 "Component. SchLib" 的元件原理图库，按照图 8-99 所示对元件原理图库中自带的空白元件进行绘制。设置元件的引脚长度为 150mil，在【SCH Library】工作面板中设置元件的属性，该元件名为 "new Battery"，元件标号设置为 BT?，元件的注释和描述都设置为 "Battery"。

2. 以习题 1 为基础，向元件原理图库中再添加一个名为 "new Bridge" 的新元件，按照图 8-100 所示绘制该元件的原理图符号，

图 8-99 原理图元件符号

233

要求元件的原理图符号的外形尺寸设置为 400mil×500mil（高×宽），引脚长度设置为 200mil。并在【SCH Library】工作面板中置元件的属性，元件标号设置为 D?，元件的名称和注释都设置为"Bridge"。

图 8-100　原理图元件符号

3. 练习打开系统自带的元件原理图库"Miscellaneous Devices. Schlib"，并从该元件原理图库中采用不同的方法复制 3～5 个元件到题 1 的元件原理图库"Component. SchLib"中。

4. 以题 1 为基础，向元件原理库中再添加一个名为"P80C32SBBB"的新元件，如图 8-101 所示，要求按照元件引脚功能将该元件设计为带子元件的原理图元件。

5. 建立一个名为"Component_PCB. PcbLib"的 PCB 元件封装库，按照图 8-102 所示对 PCB 元件封装库中自带的空白元件封装进行手动绘制。设置通孔直插式元件封装的外形尺寸为 100mil×200mil（高×宽），两个焊盘孔径尺寸和直径尺寸分别为 35mil 和 60mil，焊盘间距为 100mil，在【PCB Library】工作面板中设置元件封装名称为"BAT"。

6. 以题 5 为基础，向 PCB 元件封装库中再添加一个表面粘贴式元件封装，如图 8-103 所示。设置元件封装的外形尺寸为 100mil×160mil（高×宽），两个焊盘高和宽分别设置为 50mil 和

图 8-101　原理图元件符号

60mil，焊盘间距为 80mil，在【PCB Library】工作面板中设置元件封装名称为"R2012-0805"。

图 8-102　通孔直插式元件封装

图 8-103　表面粘贴式元件封装

7. 打开系统自带的 PCB 元件封装库"Miscellaneous Devices. Pcblib"，并从该元件封装库中采用不同的方法复制 3～5 个元件封装到题 5 的元件封装库"Component_PCB. PcbLib"中。

8. 建立一个名为"IntLib. LibPkg"的集成元件库项目，加载题 1 中的元件原理图库文件"Component. SchLib"和题 5 中的 PCB 元件封装库文件"Component_PCB. PcbLib"到该集成库项目下，并将项目和文件全部保存到目录"D：\Chapter8\IntLib"中，再对集成元件库项目进行编译生成集成元件库文件。

9. 在 PCB 项目"MyProject_8A. PrjPCB"下添加原理图文件"MySheet_8A. SchDoc"和 PCB 文件"MyPcb_8A. PcbDoc"，按照图 8-104 给出电路原理图和 PCB 图绘制电路，其中原理图中的元件 X 及其 DIP 封装 Y 均为自定义。要求对 PCB 板手动布局、自动布线、手动调

整，其中 PCB 为双面板，电气尺寸为 1600mil × 1900mil（高 × 宽），顶层水平布线，底层垂直布线，电源线和地线均设置为 40mil，信号线设置为 8mil。再创建一个名为"IntLib_8A. LibPkg"的集成元件库项目，项目下包含一个名为"SchLib_8A. Schlib"的元件原理图库文件和名为"PcbLib_8A. Pcblib"的 PCB 元件封装库文件，其中元件原理库文件中的元件X 外形尺寸为 450mil × 500mil（高 × 宽），引脚长度为 200mil；元件 X 的封装 Y 的焊盘内径为 30mil，焊盘外径为 60mil，焊盘水平间距为 450mil，焊盘垂直间距为 100mil，轮廓线宽度设置为 10mil。电路绘制完成后要求进行 DRC 检查，上述步骤完成后将项目和文件全部保存到目录"D：\Chapter8\MyProject"中。

图 8-104　电路原理图和 PCB 图

10. 在 PCB 项目"MyProject_8B. PrjPCB"下添加原理图文件"MySheet_8B. SchDoc"和 PCB 文件"MyPcb_8B. PcbDoc"，按照图 8-105 给出电路原理图和 PCB 图绘制电路，其中原理图中的元件 X 及其 DIP 封装 Y 均为自定义。要求对 PCB 手动布局、自动布线、手动调整，其中 PCB 为双面板，电气尺寸为 1900mil × 1900mil（高 × 宽），顶层水平布线，底层垂直布线，电源线和地线均设置为 45mil，信号线设置为 12mil。再创建一个名为"IntLib_8B. LibPkg"的集成元件库项目，项目下包含一个名为"SchLib_8B. Schlib"的元件原理图库文件和名为"PcbLib_8B. Pcblib"的 PCB 元件封装库文件，其中元件原理库文件中的元件 X 外形尺寸为 600mil×650mil（高×宽），引脚长度为 250mil；元件 X 的封装 Y 的焊盘内径为 25mil，焊盘外径为 45mil，焊盘水平间距为 320mil，焊盘垂直间距为 120mil，轮廓线宽度设置为 12mil。电路绘制完成后要求进行 DRC 检查，上述步骤完成后要求将项目和文件全部保存到目录"D：\Chapter8\MyProject"中。

图 8-105    电路原理图和 PCB 图

**本章要点**

1. 【SCH Library】工作面板、【PCB Library】工作面板。

2. 元件原理图库的基本操作和高级技巧。

3. PCB 元件封装库的基本操作和高级技巧。

第9章

# PCB设计综合实例

PCB设计综合实例

新建工程

建立集成元件库

设计电路原理图

ERC 检查

原理图报表

规划电路板

导入网络表和元件封装

手工布局

设置网络类

设置布线规则

自动布线、手动调整

DRC 设计规则检查

3D 效果图

前面各个章节分别介绍了原理图和 PCB 的设计过程、建立集成元件库和制作原理图元件及元件封装的方法。本章将通过一个综合实例将前面各个章节的内容连贯起来，从而使读者全面掌握 Protel DXP 2004 的使用方法。本章的设计过程只着重于 PCB 设计的整体过程，而对于设计过程中的操作步骤，因为前面章节已经做了非常详细的解释说明，因此本章不会再重复介绍，读者可以根据需要参考前面章节的内容。

## 9.1 单片机基础综合实验板功能

单片机基础综合实验板（如图 9-1 所示）以 STC12C5A60S2 单片机（属于 51 系列）为核心，集成了学习单片机常用的各种硬件资源，具体包括：串行外扩数据存储器 ST24C02B1、时钟芯片 DS1302、按键扫描、8 位数码管、8 位流水灯、D-A 转换器、温度传感器 DS18B20、串行通信接口（232 接口）、USB 接口、并行接口等外部接口或部件，同时加强了接口功能的扩展，同时采用 USB 电源和稳压电源双电源设计。

图 9-1  单片机基础综合实验板

单片机基础综合实验板功能：

1）STCl2C5A60S2 是 STC Micro 公司推出的完全集成的混合信号片上系统 MCU，1 个时钟/机器周期，低成本、高可靠性、高速 A-D 转换，10 位精度 ADC，带 8 通道模拟多路开关，转换速度为 25 万次/秒；具有可编程数据更新方式；60 KB 系统编程的 Flash 内存，1280 字节的片内 RAM，可寻址 64KB 地址空间的外部数据存储器接口，硬件实现的 ISP/IPA 在线系统可编程/在线应用可编程，可通过串口（P3.0/P3.1）直接下载用户程序；6 个通用的 16 位定时器，兼容普通 8051 的定时器 T0/T1，4 路 PCA 也是 4 个定时器；2 通道捕获/比较单元可用来当 2 路 D-A 使用，用来再实现 2 个定时器或 2 个外部中断，STCl2C5A60S2 是真正能独立工作的片上系统。

2）时钟芯片 DS1302 是美国 DALLAS 公司推出的一种高性能、低功耗、带 RAM 的实时时钟电路，它可以对年、月、日、时、分、秒进行计时，具有闰年补偿功能，工作电压为2.5～5.5V。采用三线接口与CPU进行同步通信，属于SPI接口方式。

3）DS1232是一个具有看门狗功能的电源监测芯片，在电源上电、断电、电压瞬态下降和死机时都会输出一个复位脉冲，十分适合作为单片机的复位电路。

4）$E^2PROM$数据存储器ST24C02B1芯片是2K位（256字节）可擦写存储器。该芯片与单片机之间采用2线接口，属$I^2C$串行接口。

5）由P0口外扩DAC0832芯片形成并行I/O接口，以完成D-A转换。

6）MAX232芯片是RS232通信接口，可以作为与计算机进行异步串行通信的接口，同时也可作为STC单片机下载程序的接口。

7）DS18B20为美国DALLAS公司最新推出的新一代数字式单总线（1-wire）接口的温度传感器，温度测量范围在－50～＋125℃之间，在－10～＋85℃之间测量精度为±0.5℃，它能够直接读出被测温度并且可根据温度控制精度要求设置为9或12位的数字值读数方式。

8）由P0口外接74HC573形成外扩并行接口，接8个发光二极管，可以设计流水灯程序、交通灯管控程序等。

9）采用7279芯片（串行接口）作为键盘显示管理器件。键盘为4×4矩阵，显示器为4位7段码共阴极LED显示器。7279芯片直接管理键盘扫描和显示器的驱动，与单片机之间采用4线串行通信方式。

10）USB接口：通过单片机的串行通信口外接PL2303HX芯片，可将单片机的串行通信模式转为USB通信模式。另外，由该USB接口也可以下载程序。

11）A-D转换：由于单片机本身带有8路11位A-D转换器，故电路板上没有外接A-D转换器。本电路板通过一个30K电位器对5V直流电压降压后接到P1.0引脚上，以进行A-D转换的实验。

12）单片机的40个I/O接口全部引出，方便自行扩展。

# 9.2 设计过程

本节将介绍单片机基础综合实验板的全部设计过程，主要包括新建工程、建立集成元件库和制作原理图元件及元件封装、电路原理图设计、ERC检查、规划电路板、网络表和元件封装的导入、手工布局、布线规则的设置、自动布线以及DRC检查等步骤，设计的具体过程覆盖了本书的第2、3和6～9章的内容。

## 9.2.1 新建工程

首先在"D：\chapter9"目录下创建一个名为"单片机基础综合实验板"的文件夹，然后启动Protel DXP 2004，进入Protel DXP 2004的编辑界面。在Protel DXP 2004设计系统的主界面上执行菜单命令【File】→【New】→【Project】→【PCB Project】，由此创建一个新的PCB项目。在【Projects】工作面板新建项目上单击鼠标右键，选择命令【Save Project】，将该项目更名为"单片机基础综合实验板.PrjPCB"后保存到目录"D：\chapter9\单片机基础综合实验板"中。

### 9.2.2 建立集成元件库

本电路需要对 6 个元器件进行编辑，它们分别是 STC12C5A60S2、HD7279、LG5641AH、PL2303、DS18B20 和 USB 接口。下面简要介绍各个元器件的编辑过程。元件制作的详细过程请参考第 8 章介绍的内容。

（1）建立集成元件库项目

1）在 Protel DXP 2004 设计系统的主界面上执行菜单命令【File】→【New】→【Project】→【Integrated Library】，由此创建一个新的集成元件库项目，在弹出的【Projects】工作面板上可以直接观察到这个默认名为 "Intergrated_Library1. LibPkg" 的新建集成元件库项目。

2）在【Projects】工作面板该集成元件库项目上单击鼠标右键选择命令【Add New to Project】，在该集成库项目下添加一个新的元件原理图库文件和一个新的 PCB 元件封装库文件。在添加两个文件之后，将该集成元件库项目以及两个文件分别更名为 "单片机基础综合实验板. LibPkg"、"单片机基础综合实验板. SchLib" 和 "单片机基础综合实验板. PcbLib"，然后保存到指定目录下，即 "D：\chapter9\单片机基础综合实验板" 中。保存好后的【Projects】工作面板如图 9-2 所示。

图 9-2 【Projects】工作面板

（2）制作原理图元件 STC12C5A60S2、HD7279、LG5641AH、PL2303、DS18B20 和 USB 接口

1）单击【Projects】工作面板中的 "单片机基础综合实验板. SchLib"，切换到元件原理图库编辑器界面下。

2）打开【SCH Library】工作面板。单击元件原理图库编辑器界面右下角工作面板区的【SCH】标签，选择其中的【Sch Library】选项，将弹出的【Sch Library】工作面板锁定。从【SCH Library】工作面板可以看到，当前只存在着一个默认名为 "COMPONENT_1" 的元件。

3）编辑元件 STC12C5A60S2 的属性。在【SCH Library】工作面板单击鼠标左键选中元件符号 "COMPONENT_1"，然后单击 Edit 按钮，打开【Library Component Properties】对话框。在【Library Component Properties】对话框中，在【Default Designator】输入栏设置元件序号为 U?，在【Comment】输入栏输入元件名称为 "STC12C5A60S2"，在【Library Ref】输入栏输入元件全名为 "STC12C5A60S2"，在【Description】输入栏对元件的解释为 "44pins，Micro-controller"，其他属性暂不设置。

4）绘制元件，完成后的元件 STC12C5A60S2 如图 9-3 所示。

5）单击【SCH Library】工作面板上的 Add 按钮，需要为自定义元件原理图库添加一个新的元件。

6）接下来重复步骤 2）~4），依次编辑其他 5 个元件。

7）元件 HD7279 如图 9-4 所示，设置元件属性为【Default Designator】：U?，【Comment】：HD7279A，【Library Ref】：HD7279A，【Description】："Keyboard，display interface management chip"。

图 9-3　元件 STC12C5A60S2　　　　　图 9-4　元件 HD7279

8）完成后的元件 LG5641AH 如图 9-5 所示。设置元件属性为【Default Designator】：LED?，【Comment】：LG5641AH，【Library Ref】：LG5641AH，【Description】："7-Segment Display"。

图 9-5　元件 LG5641AH

9）元件 DS18B20 如图 9-6 所示，设置元件属性为【Default Designator】：Q?，【Comment】：DS18B20，【Library Ref】：DS18B20，【Description】："digital temperature sensor"。

10）元件 PL2303 如图 9-7 所示，设置元件属性为【Default Designator】：U?，【Comment】：PL2303，【Library Ref】：PL2303，【Description】："USB to Serial RS232 Bridge Controller"。

11）完成后的 USB 接口如图 9-8 所示，设置元件属性为【Default Designator】：USB?，【Comment】：USB，【Library Ref】：USB，【Description】："USB interface"。

图 9-6　元件 DS18B20　　　　图 9-7　元件 PL2303　　　　图 9-8　USB 接口

（3）制作元件封装

6 个自定义的元器件中只有 STC12C5A60S2、LG5641AH 两个器件需要绘制相应的元件封装。

1）单击【Projects】工作面板中的"单片机基础综合实验板 .PcbLib"，切换到 PCB 元件封装库编辑器界面下。

2）执行菜单命令【View】→【Work Space Panels】→【PCB】→【PCB Library】，打开【PCB Library】工作面板。【PCB Library】工作面板中只有一个默认名为"PCBCOMPONENT_1"的元件封装。在 PCB 工作面板的空白区域单击鼠标右键，选择［New Blank Component］选项，再新建一个元件封装。然后对两个元件封装进行编辑。

3）完成后的 STC12C5A60S2 元件封装 PLCC44zuo 如图 9-9 所示。

4）完成后的 LG5641AH 元件封装 LEDDIP-12 如图 9-10 所示。

图 9-9　元件封装 PLCC44zuo

图 9-10　元件封装 LEDDIP-12

（4）利用模式管理器联系元件及其相应的封装

元件 STC12C5A60S2 封装为 PLCC44zuo；元件 HD7279 封装为 DIP-28/D38.1；元件 LG5641AH 封装为 LEDDIP-12：LEDDIP-12；元件 DS18B20 封装为 BCY-W3；元件 PL2303 封装为"SSOP28"；USB 接口封装为"787761"。添加好之后的模式管理器如图 9-11 所示。

在上述所有步骤完成之后，对该集成元件库项目文件进行编译，生成集成元件库"单片机基础综合实验板 .IntLib"。生成的集成元件库存在于"D：\chapter 9\单片机基础综合实验板\Project Outputs for 单片机基础综合实验板"目录下。

### 9.2.3　电路原理图设计

为了使该实验板的电路原理图清晰简洁，本例中的电路原理图采用分块设计的方法，即按照电路的

图 9-11　模式管理器

功能，将整个电路分成 10 个小电路，再分别放置在 10 张不同的原理图上。

在【Projects】工作面板的 PCB 项目"单片机基础综合实验板 . PrjPCB"上单击右键选择命令【Add New to Project】，为 PCB 项目添加 8 个新的原理图文件，再将 8 个文件分别更名为"MCU. SchDoc"、"时钟电路 . SchDoc"、"电源接口和复位电路 . SchDoc"、"外扩 RAM 电路 . SchDoc"、 "DAC 电路 . SchDoc"、 "RS232 电路 . SchDoc"、 "温度传感器电路 . SchDoc"、"流水灯电路 . SchDoc"、"键盘数码管显示电路 . SchDoc"、"USB 接口电路 . SchDoc"并保存。

1）完成后的 MCU 电路如图 9-12 所示。表 9-1 为 MCU 电路元件属性列表。

图 9-12　MCU 电路原理图

表 9-1　MCU 电路元件属性列表

| 序　号 | Designator | LibRef | value | Footprint |
| --- | --- | --- | --- | --- |
| 1 | U1 | STC12C5A60S2 | | plcc44zuo |
| 2 | U2 | DM74LS245N | | dip-20 |
| 3 | Y1 | XTAL | 11. 0592M | CAPR5. 08-7. 8x3. 2 |
| 4 | C1 | Cap | 30μ | BCY-W2/D3. 1 |
| 5 | C2 | Cap | 30μ | BCY-W2/D3. 1 |
| 6 | P1 | Header 8 | | HDR1X8 |

（续）

| 序 号 | Designator | LibRef | value | Footprint |
|---|---|---|---|---|
| 7 | P2 | Header 8 | | HDR1X8 |
| 8 | P3 | Header 8 | | HDR1X8 |
| 9 | P4 | Header 8 | | HDR1X8 |
| 10 | P5 | Header 8 | | HDR1X8 |
| 11 | R1 | Res Tap | 30k | VR5 |
| 12 | R2 | Res Tap | 30k | VR5 |

2）完成后的时钟电路如图9-13所示。表9-2为时钟电路元件属性列表。

图9-13　时钟电路原理图

**表9-2　时钟电路元件属性列表**

| 序 号 | Designator | LibRef | value | Footprint |
|---|---|---|---|---|
| 1 | R3 | Res2 | 10k | AXIAL-0.3 |
| 2 | R4 | Res2 | 10k | AXIAL-0.3 |
| 3 | R5 | Res2 | 10k | AXIAL-0.3 |
| 4 | C3 | Cap | 0.1μ | BCY-W2/D3.1 |
| 5 | Y2 | XTAL | 32.768M | CAPR5.08-7.8x3.2 |
| 6 | U3 | DS1302 | | dip-8 |
| 7 | ni-cd1 | Battery | | CAPR5.08-7.8x3.2 |

3）完成后的电源接口和复位电路如图9-14所示。表9-3为电源接口和复位电路元件属性列表。

图9-14　电源接口和复位电路原理图

表 9-3　电源接口和复位电路元件属性列表

| 序　号 | Designator | LibRef | value | Footprint |
|---|---|---|---|---|
| 1 | U4 | DS1232 | | dip-8 |
| 2 | R6 | Res2 | 5.1k | AXIAL-0.3 |
| 3 | R7 | Res2 | 5.1k | AXIAL-0.3 |
| 4 | R8 | Res2 | 2k | AXIAL-0.3 |
| 5 | S1 | SW-PB | | DIP-6 |
| 6 | DS1 | LED0 | 0.1μ | CAPPR1.27-1.7x2.8 |
| 7 | C4 | Cap | 10μ | CAPR2.54-5.1x3.2 |
| 8 | C5 | Cap Pol1 | | BAT-2 |
| 9 | JK1 | Header 4 | | HDR1X4 |
| 10 | KG1 | Header 6 | | DIP-6 |

4）完成后的外扩 RAM 电路如图 9-15 所示。表 9-4 为外扩 RAM 电路元件属性列表。

图 9-15　外扩 RAM 电路原理图

表 9-4　外扩 RAM 电路元件属性列表

| 序　号 | Designator | LibRef | value | Footprint |
|---|---|---|---|---|
| 1 | U5 | ST24C02B1 | | dip-8 |
| 2 | R9 | Res2 | 5.1k | AXIAL-0.3 |
| 3 | R10 | Res2 | 5.1k | AXIAL-0.3 |

5）完成后的 DAC 电路如图 9-16 所示。表 9-5 为 DAC 电路元件属性列表。

图 9-16　DAC 电路原理图

表 9-5    DAC 电路元件属性列表

| 序　号 | Designator | LibRef | value | Footprint |
|---|---|---|---|---|
| 1 | U6 | DAC0832LCN | | dip-20 |
| 2 | U7 | ADOP07DN | | dip-8 |
| 3 | U8 | ADOP07DN | | dip-8 |
| 4 | R11 | Res Tap | | VR5 |
| 5 | R12 | Res Tap | | VR5 |
| 6 | R13 | Res2 | 15k | AXIAL-0.3 |
| 7 | R14 | Res2 | 15k | AXIAL-0.3 |
| 8 | R15 | Res2 | 7.5k | AXIAL-0.3 |
| 9 | P6 | Header 3 | | HDR1X3 |
| 10 | C6 | capr5-4x5 | 0.1μ | CAPR5-4X5 |
| 11 | C7 | capr5-4x5 | 0.1μ | CAPR5-4X5 |

6）完成后的 232 电路如图 9-17 所示。表 9-6 为 232 电路元件属性列表。

图 9-17    232 电路电路原理图

表 9-6    232 电路元件属性列表

| 序　号 | Designator | LibRef | value | Footprint |
|---|---|---|---|---|
| 1 | U9 | MAX232ACPE | | dip-16 |
| 2 | C8 | Cap | 1μ | BAT-2 |
| 3 | C9 | Cap | 1μ | BAT-2 |
| 4 | C10 | Cap | 1μ | BAT-2 |
| 5 | C11 | Cap | 1μ | BAT-2 |
| 6 | J1 | D Connector 9 | | DSUB1.385-2H9 |

7）完成后的温度传感器电路如图 9-18 所示。表 9-7 为温度传感器电路元件属性列表。

图9-18　温度传感器电路原理图

表9-7　温度传感器电路元件属性列表

| 序　号 | Designator | LibRef | value | Footprint |
|---|---|---|---|---|
| 1 | Q1 | | | BCY-W3 |
| 2 | R16 | | 5.1k | AXIAL-0.3 |

8）完成后的流水灯电路如图9-19所示。表9-8为流水灯电路元件属性列表。

图9-19　流水灯电路电路原理图

表9-8　流水灯电路元件属性列表

| 序　号 | Designator | LibRef | value | Footprint |
|---|---|---|---|---|
| 1 | U10 | DM74LS573N | | dip-20 |
| 2 | U11 | DM74LS02M | | dip-14 |
| 3 | DS2 | LED-Pack | | HDR2X8 |
| 4 | R17 | res-PACK | 2k | HDR1X9 |

9）完成后的键盘数码显示电路如图9-20所示。表9-9为键盘数码显示电路元件属性列表。

10）完成后的USB电路如图9-21所示。表9-10为USB电路元件属性列表。

### 9.2.4　ERC检查

在项目中所有的原理图全部绘制完成后，需要对该项目进行设计电气规则检查（ERC），以便发现设计中的错误并修改。

图 9-20　键盘数码显示电路原理图

表 9-9　键盘数码显示电路元件属性列表

| 序　号 | Designator | LibRef | value | Footprint |
|---|---|---|---|---|
| 1 | U12 | HD7279A | | DIP-28/D38.1 |
| 2 | LED1 | DPY | | LEDDIP-12 |
| 3 | C12 | Cap | 15p | CAPR5-4X5 |
| 4 | R18 | Res2 | 1.5K | AXIAL-0.3 |
| 5 | R19 | Res2 | 10K | AXIAL-0.3 |
| 6 | R20 | Res2 | 10K | AXIAL-0.3 |
| 7 | R21 | Res2 | 200 | AXIAL-0.3 |

（续）

| 序　号 | Designator | LibRef | value | Footprint |
|---|---|---|---|---|
| 8 | R22 | Res2 | 200 | AXIAL-0.3 |
| 9 | R23 | Res2 | 200 | AXIAL-0.3 |
| 10 | R24 | Res2 | 200 | AXIAL-0.3 |
| 11 | R25 | Res2 | 200 | AXIAL-0.3 |
| 12 | R26 | Res2 | 200 | AXIAL-0.3 |
| 13 | R27 | Res2 | 200 | AXIAL-0.3 |
| 14 | R28 | Res2 | 200 | AXIAL-0.3 |
| 15 | R29 | res-PACK | 200 | HDR1X9 |
| 16 | S16 | SW-PB | | DIP-6 |
| 17 | S14 | SW-PB | | DIP-6 |
| 18 | S12 | SW-PB | | DIP-6 |
| 19 | S10 | SW-PB | | DIP-6 |
| 20 | S8 | SW-PB | | DIP-6 |
| 21 | S6 | SW-PB | | DIP-6 |
| 22 | S4 | SW-PB | | DIP-6 |
| 23 | S2 | SW-PB | | DIP-6 |
| 24 | S17 | SW-PB | | DIP-6 |
| 25 | S15 | SW-PB | | DIP-6 |
| 26 | S13 | SW-PB | | DIP-6 |
| 27 | S11 | SW-PB | | DIP-6 |
| 28 | S9 | SW-PB | | DIP-6 |
| 29 | S7 | SW-PB | | DIP-6 |
| 30 | S5 | SW-PB | | DIP-6 |
| 31 | S3 | SW-PB | | DIP-6 |

图 9-21　USB 电路原理图

表 9-10  USB 电路元件属性列表

| 序　号 | Designator | LibRef | value | Footprint |
|---|---|---|---|---|
| 1 | C13 | Cap | 20P | RAD-0.3 |
| 2 | C14 | Cap | $0.1\mu F$ | RAD-0.3 |
| 3 | C15 | Cap | 20P | RAD-0.3 |
| 4 | C16 | Cap | $0.1\mu F$ | RAD-0.3 |
| 5 | C17 | Cap | $0.1\mu F$ | RAD-0.3 |
| 6 | C18 | Cap | $0.1\mu$ | RAD-0.3 |
| 7 | C19 | Cap Pol1 | $10\mu/16V$ | RB7.6-15 |
| 8 | DS3 | LED0 | | LED-0 |
| 9 | R30 | Res2 | 10k | AXIAL-0.4 |
| 10 | R31 | Res2 | 10k | AXIAL-0.4 |
| 11 | R32 | Res2 | 10k | AXIAL-0.4 |
| 12 | R33 | Res2 | 10k | AXIAL-0.4 |
| 13 | R34 | Res2 | 18 | AXIAL-0.4 |
| 14 | R35 | Res2 | 18 | AXIAL-0.4 |
| 15 | R36 | Res2 | 1.5k | AXIAL-0.4 |
| 16 | R37 | Res2 | 1k | AXIAL-0.4 |
| 17 | U13 | PL2303 | | SSOP28 |
| 18 | USB1 | USB | | 787761 |
| 19 | Y3 | XTAL | 12M | BCY-W2/D3.1 |

执行菜单命令【Project】→【Compile PCB Project 单片机基础综合实验板 . PrjPCB】进行设计电气规则检查，编译后一般会弹出一个【Message】对话框，显示系统检测结果，如图9-22 所示。如果没有错误，【Message】对话框不会自动弹出，此时需要单击原理图编辑器右下角工作面板区的【System】标签，选择其中的【Message】选项，才会弹出【Message】对话框，此时再根据系统提示的信息修改错误和警告，直到符合设计要求为止。

图 9-22  【Message】对话框

### 9.2.5 原理图报表

完成原理图的设计操作后，还可以根据设计的需要输出元件报表以及网络表等文件。

执行菜单命令【Report】→【Bill of Materials】，生成元件报表，如图9-23所示。单击【Report】按钮保存该元件报表。

图9-23 生成元件报表

选择菜单命令【Design】→【Netlist For Project】→【Protel】，系统将在该工程项目下生成一个与该工程文件同名的网络表文件，如图9-24所示。

图9-24 生成网络表文件

### 9.2.6　规划电路板

设计 PCB 之前，首先需要规划电路板，即确定电路板的物理边界以及电气边界。下面进行电路板的规划操作。

1）在该工程项目下，执行【File】→【New】→【PCB】命令，新建一个 PCB 文件，首先需要将该文件保存在"D：\chapter9\单片机基础综合实验板"文件夹下，并更名为"单片机基础综合实验板 . PcbDoc"。

2）在 PCB 编辑环境下，执行【Design】→【Board Shape】→【Redefine Board Shape】命令，开始重新定义电路板形状，执行该命令后，将电路板板边设置为 100mm × 160mm（高×宽）。

3）设置 PCB 图纸属性。在 PCB 编辑环境下，依次按下【D】和【O】键，系统将弹出图纸设置对话框，在该对话框中对图纸属性进行设置，设置结果如图 9-25 所示。

图 9-25　PCB 图纸属性

4）单击 PCB 工作窗口下面的层标签中的 Mechanical 1 标签，将当前的工作层面切换到机械层 Mechanical 1 层面。

5）进入 Mechanical1 工作层面后，执行菜单命令【Place】→【Keepout】→【Track】，激活绘制导线命令，在该工作层中绘制电路板矩形边框，绘制的电路板边框如图 9-26 所示。

图 9-26　绘制好的 PCB 边框

6）单击 PCB 工作窗口下面的层标签中的 Keep-Out Layer 标签，便可将当前的工作层面切换到禁止布线层（Keep-Out Layer）层面上。

7）执行菜单命令【Place】→【Keepout】→【Track】，这时系统将处于绘制 PCB 电气边界的命令状态。本例中设置的 PCB 电气边界的大小设置为与物理边界相同。

### 9.2.7 网络表和元件封装的导入

规划好电路板后，接下来就是导入网络表和元器件封装。按照 6.5 节中介绍的方法，利用 PCB 编辑器中的【Design】菜单命令来载入元件封装和网络表。

注：本例中的 USB 电路只是在原理图中进行设计，并未加载到 PCB 中。

1）执行命令【Design】→【Import Changes From 单片机基础综合实验板 .PrjPCB】后，这时将会弹出如图 9-27 所示的【Engineering Change Order】对话框。

图 9-27 【Engineering Change Order】对话框

2）在该对话框中单击 Validate Changes 功能按钮后检查即将加载到 PCB 编辑器中的文件"单片机基础综合实验板 .PcbDoc"中的网络和元件封装是否正确。

3）如果上面的检查没有错误，那么单击 Execute Changes 功能按钮就可以将网络和元件封装加载到 PCB 文件中，从而实现了从原理图向 PCB 的更新。

4）单击 Close 按钮关闭【Engineering Change Order】对话框，这时可以看到网络和元件封装已经载入到当前的"单片机基础综合实验板 .PcbDoc"文件中了，如图 9-28 所示。

### 9.2.8 手工布局

下面进行元件的手工布局操作。因为原理图电路中采用分块设计的方法，所以元件和网络表载入 PCB 之后，不同原理图电路中的元器件应处于各自的 room 中。在进行元件布局的过程中，先按照各个电路模块分别进行布局，然后再综合各个模块。完成元件布局后的结果如图 9-29 所示。

### 9.2.9 网络类的设置

为了在自动布线的时候对同一个网络类中的所有对象一起操作，因此在布线之前可以对

图 9-28　导入网络表和元件封装

板子上的所有网络进行分类。本例中将属于电源的网络合并在一起，建立一个网络类。对网络类的设置操作步骤如下。

1）打开对象类对话框。在 PCB 编辑器的主菜单上执行菜单命令【Design】→【Classes】，即可进入对象类对话框，如图 9-30 所示。

2）建立一个新的网络类。在【Net Classes】（网络类）上单击鼠标右键，即可弹出右键菜单，选择其中的【Add Class】命令，可以产生一个新的网络类，系统默认名称为"New Class"，如图 9-30 所示。在网络类【New Class】上单击鼠标右键，选择命令【Rename Classes】将新建的网络类更名为"POWER"。

3）向新建的网络类添加成员。【Non-Members】列表区中包括了电路中所有的网络。本例中从【Non-Members】列表区包含的网络中将电源一类的网络选择出来添加到新建的名为"POWER"网络类中，单击【向左键】即可完成对新的网络类的成员的添加。

4）关闭该对话框即可完成"POWER"网络类设置，完成好的设置如图 9-31 所示。

## 9.2.10　布线规则的设置

完成元件布局后，开始对电路板的布线规则进行设置，系统在自动布线的时候将按照事先设定好的布线规则进行电路板的布线。

在 PCB 编辑器环境下，在 Protel DXP 2004 的主菜单中执行菜单命令【Design】→【Rules】，系统将弹出如图 9-32 所示的【PCB Rules and Constraints Editor】对话框。在该对话框中对当前 PCB 编辑器中的电路板进行设计规则的设置。

（1）【Electrical】规则的设置

选择【Electrical】规则下的【Clearance】规则，将【Constraints】中的【Minimum Clearance】设置为 10mil。

图 9-29  元件手动布局

（2）【Routing】规则的设置

首先添加一个新的【Width】规则。在【Width】规则上单击鼠标右键，从弹出的快捷菜单中选择【New Rule】，并更改规则名称为"Width_POWER"。

本例中修改"POWER"类的线宽是：Preferred Width 为 40mil，Min width 为 30mil，Max width 为 50mil；"All Net"类的线宽是：Preferred Width 为 12mil，Min width 为 8mil，Max width 为 20mil，如图 9-33 和图 9-34 所示。

图 9-30　生成网络类选项

图 9-31　设置后的网络类列表

　　修改后，还需要设置【Width_POWER】规则的优先级等级为 1，【Width】规则的优先级等级为 2，采取这样的设置后，则系统在自动布线时，POWER 网络类的导线宽度被设置为 40mil，其他网络导线宽度为 12mil，如图 9-35 所示。

　　（3）【Manufacturing】规则的设置

　　因为 232 电路中元件 D Connector 9 的封装 DSUB1.385-2H9 中的焊盘尺寸超过系统默认

图 9-32 【Electrical】规则下安全间距的设置

图 9-33 【Width】规则中导线宽度的设置

的数值,因此有必要对【Manufacturing】规则下的【HoleSize】规则进行设置,否则 DRC 检查时会提示错误。【Manufacturing】规则下的【HoleSize】规则用来规定所允许的孔径的最大和最小范围。本例中将【HoleSize】规则中的【Constraints】设置为【Minimum】为 1mil,【Minimum】为 150mil,如图 9-36 所示。

图 9-34 【Width】规则中 POWER 网络类导线宽度的设置

图 9-35 【Width】规则中优先级的设置

## 9.2.11  自动布线、手动调整

执行菜单命令【Auto Route】→【All】，系统弹出如图 9-37 所示的自动布线器策略对话框。在该对话框中查看是否有与布线规则的冲突情况。如果有，则需要修改。修改完布线规则后，单击 Edit Layer Directions ... 按钮，系统弹出如图 9-38 所示的【Layer Direction】对话框。在此选择自动布线时按层布线的布线方向，设置顶层为垂直布线（Vertical），底层为水平布线（Horizontal）。

图 9-36 【Manufacturing】规则中孔尺寸的设置

图 9-37 布线策略的选择 图 9-38 编辑方向对话框

单击 Route All 按钮, 开始自动布线, 完成 PCB 的自动布线后, 接下来还需要对自动布线的结果进行手动调整, 调整后的 PCB 布线如图 9-39 和图 9-40 所示。

图 9-39　顶层布线示意图

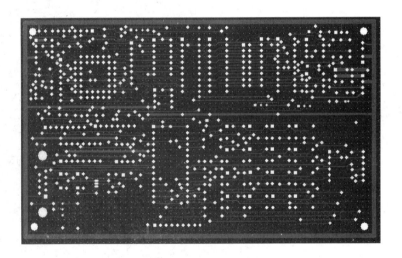

图 9-40　底层布线示意图

### 9.2.12　DRC 设计规则检查

完成 PCB 的布线操作后，通常需要对 PCB 进行设计规则检查（DRC）。

执行菜单命令【Tool】→【Design Rule Check】，在弹出的【Design Rule Checker】对话框中设置报表检测项，完成相关的设置后，执行 DRC 检查，系统将产生一个 DRC 检查报告文件，如图 9-41 所示。

### 9.2.13　3D 效果图

执行 PCB 编辑器中的【View】→【Board in 3D】命令，查看该 PCB 的 3D 效果图，结果如图 9-42 所示。

图 9-41　DRC 报告

图 9-42　PCB 的 3D 效果图

# 附　　录

## 附录 A　Protel DXP 2004 常用快捷键一览表

### 附表 A-1　原理图与 PCB 图通用快捷键

| 快　捷　键 | 相　关　操　作 |
|---|---|
| F1 | 帮助 |
| Ctrl + S | 存储当前文件 |
| Page Up、Ctrl + 鼠标滚轮上滑 | 放大视图 |
| Page Down、Ctrl + 鼠标滚轮下滑 | 缩小视图 |
| 鼠标滚轮上滑、下滑 | 视图上下移动 |
| Shift + 滚轮上滑、Shift + 滚轮下滑 | 视图左右移动 |
| End | 刷新屏幕 |
| ↑、↓、←、→ | 以一个栅格为增量移动光标 |
| X、Y | 以十字光标为轴,水平、垂直翻转待放置对象 |
| Ctrl + C | 复制选中对象 |
| Ctrl + X | 剪切选中对象 |
| Ctrl + V | 粘贴选中对象 |
| Tab | 编辑悬浮对象的属性 |
| Delete | 删除对象 |
| Spacebar(空格键) | 90°逆时针旋转悬浮的对象 |
| Shift + Spacebar | 90°顺时针旋转悬浮的对象 |
| Esc | 退出当前命令 |
| Shift + C | 清除当前过滤对象 |
| Ctrl + 鼠标左键选中对象 | 拖动选中对象 |

### 附表 A-2　原理图专用快捷键

| 快　捷　键 | 相　关　操　作 |
|---|---|
| Shift + Spacebar(空格键) | 当放置导线、总线、直线时,设置放置模式 |
| G | 循环切换格点设置 |

### 附表 A-3　PCB 图专用快捷键

| 快　捷　键 | 相　关　操　作 |
|---|---|
| L | 浏览【板层和颜色】对话框 |
| Q | 公制/英制单位切换 |

（续）

| 快 捷 键 | 相 关 操 作 |
|---|---|
| V + G + V | 切换网络栅格 |
| G | 弹出捕获栅格菜单 |
| Ctrl + G | 弹出捕获栅格对话框 |
| Shift + E | 打开或关闭捕获电气栅格功能 |
| Shift + S | 切换单层模式开/关 |
| *（数字键盘） | 切换至下一布线层 |
| +（数字键盘） | 切换至下一工作层 |
| −（数字键盘） | 切换至上一工作层 |
| L 键 + 选中的元器件 | 使元器件封装在顶层和底层之间切换 |
| Spacebar( 空格键) | 放置铜线时改变铜线的起始/结束模式 |
| Shift + R | 切换 3 种布线模式 |
| Ctrl + 选择某一导线 | 使该导线所属的网络处于被过滤高亮状态 |
| Ctrl + M | 测量距离 |

# 附录 B　常用元件原理图符号与 PCB 符号

附表 B-1　Miscellaneous Devices. IntLib

| 序号 | 元件名 | 描　述 | 原理图符号 | 封装名 | PCB 封装 |
|---|---|---|---|---|---|
| 1 | 2N3904 | NPN 型 放大器 | | BCY-W3/E4 | |
| 2 | 2N3906 | PNP 型 放大器 | | BCY-W3/E4 | |
| 3 | ADC-8 | 模-数转换器 | | TSS05x6 -G16 | |
| 4 | Antenna | 天线 | | PIN1 | |

（续）

| 序号 | 元件名 | 描述 | 原理图符号 | 封装名 | PCB 封装 |
|---|---|---|---|---|---|
| 5 | Battery | 电池 | | BAT-2 | |
| 6 | Bell | 响铃 | | PIN2 | |
| 7 | Bridge1 | 整流桥（二极管） | | E-BIP-P4/D10 | |
| 8 | Bridge2 | 整流桥（集成块） | | E-BIP-P4/X2.1 | |
| 9 | Buzzer | 蜂鸣器 | | ABSM-1574 | |
| 10 | Cap | 电容 | | CAPR2.54-5.1x3.2 | |
| 11 | Cap2 | 电容 | | CAPR5-4X5 | |
| 12 | Cap Poll1 | 有极性电容 | | CAPPR1.27-1.7x2.8 | |
| 13 | Cap Var | 可调电容 | | CC3225-1210 | |
| 14 | Circuit Breaker | 熔断丝 | | SPST-2 | |

（续）

| 序号 | 元件名 | 描　述 | 原理图符号 | 封装名 | PCB 封装 |
|------|--------|--------|-----------|--------|----------|
| 15 | Coax | 同轴电缆 | | BCY-W3 | |
| 16 | D Varactor | 变容二极管 | | SO-G3/Z3.3 | |
| 17 | D Zener | 齐纳二极管 | | DIODE-0.7 | |
| 18 | DAC-8 | 数-模转换器 | | TSS05x6 -G14/X.3 | |
| 19 | Diac-NPN | 双向触发二极管 | | SFM-T3/X1.6V | |
| 20 | Diode | 二极管 | | DSO-C2 /X3.3 | |
| 21 | Diode 1N914 | 二极管 | | DIO7.1 -3.9x1.9 | |
| 22 | Diode BAS16 | 硅低泄漏电流二极管 | | SO-G3/C2.5 | |
| 23 | Diode BBY31 | 贴片变容二极管 | | SO-G3/X.9 | |
| 24 | Diode BAT17 | 肖特基二极管 | | SO-G3/C2.5 | |
| 25 | Dpy Amber-CA | 7 段数码显示管 | | LEDDIP -10 /C5.08RHD | |

（续）

| 序号 | 元件名 | 描　　述 | 原理图符号 | 封装名 | PCB 封装 |
|---|---|---|---|---|---|
| 26 | Dpy 16-Seg | 16 段数码显示管 | | LEDDIP-18ANUM | |
| 27 | D Tunnel1 | 隧道二极管 | | DSO-F2/D6.1 | |
| 28 | Dpy Overflow | 7 段数码显示管 | | LEDDIP-12（14）/7.620VF | |
| 29 | Fuse 1 | 熔断器 | | PIN-W2/E2.8 | |
| 30 | Fuse Thermal | 温度熔丝 | | PIN-W2/E2.8 | |
| 31 | IGBT-N | 场效应管 | | SFM-F3/Y2.3 | |
| 32 | Inductor | 电感 | | INDC1005-0402 | |
| 33 | Inductor Adj | 可调电感 | | AXIAL-0.8 | |
| 34 | Inductor Iron | 带铁芯电感 | | AXIAL-0..9 | |
| 35 | Inductor Isolated | 加屏蔽的有芯电感 | | SOD123/X.85 | |
| 36 | JFET-N | N 沟道结型场效应管 | | SFM-T3/A6.6V | |
| 37 | Jumper | 跳线 | | RAD-0.2 | |

（续）

| 序号 | 元件名 | 描　　述 | 原理图符号 | 封装名 | PCB 封装 |
|------|--------|----------|-----------|--------|----------|
| 38 | Lamp | 灯泡 | | PIN2 | |
| 39 | Lamp Neon | 辉光启动器 | | PIN2 | |
| 40 | LED0 | 发光二极管 | | LED-0 | |
| 41 | MESFET-N | 砷化镓场效应晶体管库 | | CAN-3/D5.9 | |
| 42 | Meter | 仪表 | | RAD-0.1 | |
| 43 | Mic1 | 传声器（麦克风） | | PIN2 | |
| 44 | MOSFET-N | N-MOS 管 | | BCY-W3/B.8 | |
| 45 | MOSFET-P | P-MOS 管 | | BCY-23/B.8 | |
| 46 | Motor | 电动机 | | RB5-10.5 | |

（续）

| 序号 | 元件名 | 描　述 | 原理图符号 | 封装名 | PCB 封装 |
|------|--------|--------|-----------|--------|----------|
| 47 | Neon | 氖灯 | | PIN2 | |
| 48 | NPN | NPN 型晶体管 | | BCY-W3 | |
| 49 | NMOS-2 | N 沟道功率场效应管 | | SFM-T3 /A4.7V | |
| 50 | OP Amp | 运算放大器 | | CAN-8 /D9.4 | |
| 51 | Optoisolator1 | 光耦合器 | | DIP-4 | |
| 52 | Photo NPN | 光敏晶体管 | | SFM-T2(3) /X1.6V | |
| 53 | Photo PNP | 光敏晶体管 | | SFM-T2(3) /X1.6V | |
| 54 | Photo SEN | 光敏二极管 | | PIN2 | |
| 55 | PLL | 锁相回路 | | SSO-G8/P.65 | |

（续）

| 序号 | 元件名 | 描　述 | 原理图符号 | 封装名 | PCB 封装 |
|------|--------|--------|-----------|--------|----------|
| 56 | PMOS-2 | P 沟道场效应晶体管 | | SFM-T3/A4.7V | |
| 57 | PNP | PNP 型晶体管 | | SO-G3/C2.5 | |
| 58 | PUT | 可编程序单结晶体管 | | CAN-3/D5.6 | |
| 59 | QNPN | NPN 双极型晶体管 | | SO-G3/C2.5 | |
| 60 | Relay | 继电器 | | DIP-P5/X1.65 | |
| 61 | Res Bridge | 桥式电阻 | | SFM-T4/A4.1V | |
| 62 | Res Semi | 半导体电阻 | | AXIAL-0.5 | |
| 63 | Res Tap | 抽头电阻 | | VR3 | |
| 64 | Res Thermal | 热敏电阻 | | R2012-0805 | |
| 65 | Res Vaistor | 压敏电阻 | | R2012-0805 | |

（续）

| 序号 | 元件名 | 描 述 | 原理图符号 | 封装名 | PCB 封装 |
|------|--------|-------|-----------|--------|----------|
| 66 | Res1 | 电阻 | | AXIAL-0.3 | |
| 67 | Res2 | 电阻 | | AXIAL-0.4 | |
| 68 | Res3 | 电阻 | | C1608-0603 | |
| 69 | Res Adj1 | 可变电阻 | | AXIAL-0.7 | |
| 70 | Res Adj2 | 可变电阻 | | AXIAL-0.6 | |
| 71 | Res Pack3 | 隔离电阻网络 | | SO-G16/Z8.5 | |
| 72 | RPot | 电位器 | | VR5 | |
| 73 | SCR | 晶闸管 | | SFM-T3/E10.7V | |
| 74 | Speaker | 扬声器 | | PIN2 | |
| 75 | SW-6WAY | 六位单控开关 | | SW-7 | |
| 76 | SW-DIP4 | 拨动开关 | | DIP-8 | |

（续）

| 序号 | 元件名 | 描 述 | 原理图符号 | 封装名 | PCB 封装 |
|------|--------|-------|-----------|--------|----------|
| 77 | SW DIP-2 | 双列直插<br>指拨开关 | | DIP-4 | |
| 78 | SW-PB | 开关 | | SPST-2 | |
| 79 | Trans | 变压器 | | TRANS | |
| 80 | Trans Adj | 可调变压器 | | TRF_4 | |
| 81 | Triac | 三端双向<br>晶闸管 | | SFM-T3<br>/A2.4V | |
| 82 | Tube 6L6GC | 束射五极管 | | VTUBE-7 | |
| 83 | Tube Triode | 闸流管 | | VTUBE-5 | |
| 84 | UJT-N | N 型双基极<br>单结晶<br>体管 | | CAN-3/Y1.4 | |
| 85 | UJT-P | P 型双基极<br>单结晶体管 | | CAN-3/Y1.5 | |

（续）

| 序号 | 元件名 | 描　　述 | 原理图符号 | 封装名 | PCB 封装 |
|------|--------|---------|-----------|--------|----------|
| 86 | Volt Reg | 电压调节器 | Vin　Vout　GND | SIP-G3/Y2 | |
| 87 | XTAL | 晶体振荡器 | 1　2 | BCY-W2/D3.1 | |

附表 B-2　Miscellaneous Devices. IntLib

| 序号 | 元件名 | 描述 | 原理图符号 | 封装名 | PCB 封装 |
|------|--------|------|-----------|--------|----------|
| 1 | BNC | 同轴电缆插头 | | BNC_RA CON | |
| 2 | COAX-F | 同轴电缆 | | MCX5.08-H5 | |
| 3 | Connertor14 | 插座 | | CHAMP 1.27-H14A | |
| 4 | Herder2 | 2脚管座 | 1　2 | HDR1×2 | |

（续）

| 序号 | 元件名 | 描述 | 原理图符号 | 封装名 | PCB 封装 |
|---|---|---|---|---|---|
| 5 | Herder2 × 2 | 2 脚双排管座 | | HDR2X2 | |
| 6 | MHDR1 × 2 | 2 脚管座 | | MHDR1X2 | |
| 7 | Plug | 插头 | | PIN1 | |
| 8 | Plug AC Female | 电源插座 | | IEC7-2H3 | |
| 9 | PWR2.5 | 低压电源 | | KLD-0202 | |
| 10 | RCA | 屏蔽电缆插座 | | RCA/4.5-H2 | |
| 11 | SMB | SMB连接器 | | SMB_V-RJ45 | |

（续）

| 序号 | 元件名 | 描述 | 原理图符号 | 封装名 | PCB 封装 |
|------|--------|------|-----------|--------|----------|
| 12 | Socket | 套接字插座 | | PIN1 | |
| 13 | Edge Con22 | 22 脚板边连接器 | | PIN22 | |

# 参 考 文 献

［1］ 刘刚，彭荣群. Protel DXP 2004 SP2 原理图与 PCB 设计 ［M］. 北京：电子工业出版社，2007.

［2］ 姜立东，姜雪松. Protel DXP 原理图与 PCB 设计 ［M］. 北京：北京邮电大学出版社，2004.

［3］ 史久贵. 基于 Altium Designer 的原理图与 PCB 设计 ［M］. 北京：机械工业出版社，2010.

［4］ 柯常志，柯长仁. 精通 Protel DXP 系统设计篇 ［M］. 北京：中国青年电子出版社，2005.

［5］ 李小坚. Protel DXP 电路设计与制版实用教程 ［M］. 北京：人民邮电出版社，2009.

［6］ 雪茗斋电脑教育研究室. Protel DXP 电路设计制版入门与提高 ［M］. 北京：人民邮电出版社，2004.

［7］ 李珩. Altium Designer 6 电路设计实例与技巧 ［M］. 北京：国防工业出版社，2008.